全国二级造价工程师职业资格考试辅导教材

建设工程造价管理基础知识 习题集

全国二级造价工程师职业资格考试辅导教材编委会 组织编写

中国建筑工业出版社

图书在版编目（CIP）数据

建设工程造价管理基础知识习题集 / 全国二级造价工程师职业资格考试辅导教材编委会组织编写. — 北京：中国建筑工业出版社，2022.6

全国二级造价工程师职业资格考试辅导教材

ISBN 978-7-112-27348-5

Ⅰ. ①建… Ⅱ. ①全… Ⅲ. ①建筑造价管理—资格考试—习题集 Ⅳ. ①TU723.31-44

中国版本图书馆 CIP 数据核字(2022)第 068750 号

根据人力资源社会保障部印发的《关于公布国家职业资格目录的通知》（人社部发〔2017〕68 号），住房和城乡建设部、交通运输部、水利部、人力资源和社会保障部联合印发的《造价工程师职业资格制度规定》和《造价工程师职业资格考试实施办法》（建人〔2018〕67 号），依据《全国二级造价工程师职业资格考试大纲》（2019 版）、《建设工程造价管理基础知识》（2022 版），本书编委会组织行业专家编写了本书，本书可作为全国二级造价工程师职业资格考试辅导用书。

责任编辑：李　慧
责任校对：张惠雯

全国二级造价工程师职业资格考试辅导教材
建设工程造价管理基础知识习题集
全国二级造价工程师职业资格考试辅导教材编委会　组织编写

*

中国建筑工业出版社出版、发行（北京海淀三里河路 9 号）
各地新华书店、建筑书店经销
北京红光制版公司制版
北京市密东印刷有限公司印刷

*

开本：787 毫米×1092 毫米　1/16　印张：11½　字数：277 千字
2022 年 7 月第一版　　2022 年 7 月第一次印刷
定价：**45.00** 元（含增值服务）
ISBN 978-7-112-27348-5
(39166)

全国二级造价工程师职业资格考试辅导教材编审委员会

主编单位： 江苏省工程造价管理协会

捷宏润安工程顾问有限公司

主　　编： 金常忠

副 主 编： 孙　璐　沈春霞

主　　审： 王如三

参编人员： 沈春霞　杨　柳　封　帅　孙　娟　虞志霞

王　舜　余　静　代欢欢　吴丽丽　陈　辉

王　绅

前言

为了满足广大考生的应试复习需要，便于考生正确理解考试大纲的要求，尽快掌握复习要点，更好地适应考试，江苏省工程造价管理协会和捷宏润安工程顾问有限公司根据《全国二级造价工程师职业资格考试大纲》（2019 版）、《建设工程造价管理基础知识》（2022 版），组织专家编写了最新版《建设工程造价管理基础知识习题集》。

本书主要特点下列：

1. 全面覆盖所有知识点要求，力求突出重点。

2. 在内容编排上，力求练习题的难易、大小、长短适中。

3. 短时间内切实帮助考生理解知识点，掌握难点和重点，提高应试水平及解决实际工作问题的能力。

4. 本书含 1000 多道练习题及部分地区的考试真题，可满足考生复习使用。

本书在编写过程中，难免存在缺点和错误，恳请广大读者提出批评和建议，以便我们修订时完善。

目录

第 1 章　工程造价管理相关法律法规与制度

第 1 节　工程造价管理相关法律法规

一、单项选择题（每题的备选项中，只有 1 个最符合题意）

1. 工程监理单位应当根据建设单位的委托，(　　)地执行监理任务。

A. 公平、公开　　B. 自主、公正

C. 客观、公正　　D. 独立、公平

2. 根据《民法典合同编》的规定，撤销权应自具有撤销权的当事人知道或者应当知道撤销事由之日起(　　)年内行使。

A. 1　　B. 2

C. 3　　D. 5

3. 下列关于合同的变更和转让的说法，错误的是(　　)。

A. 狭义的合同变更仅指合同内容的变更，不包括合同主体的变更

B. 我国《民法典合同编》中所指的合同变更是指合同主体的变更

C. 债务人将合同的义务全部或者部分转移给第三人的，应当经过债权人的同意

D. 合同的转让包括权利（债权）转让、义务（债务）转移和权利义务概括转让三种情形

4. 建设工程施工招标文件，既是承包商编制投标文件的依据，也是与将来中标的承包商(　　)。

A. 作为竣工验收的依据　　B. 制定施工方案的依据

C. 制定索赔处理办法的基础　　D. 签订工程承包合同的基础

5. 关于建筑工程联合承包，下列说法错误的是(　　)。

A. 大型建筑工程或结构复杂的建筑工程，可以由两个以上的承包单位联合共同承包

B. 共同承包的各方对承包合同的履行承担连带责任

C. 两个以上不同资质等级的单位实行联合共同承包的，应当按照资质等级高的单位的业务许可范围承揽工程

D. 承包建筑工程的单位应当持有依法取得的资质证书

6. 招标人应当确定投标人编制投标文件所需合理时间。依法必须进行招标的项目，自招标文件开始时发出之日起至投标人提交投标文件截止日期止，最短不少于(　　)日。

A. 10　　B. 15

C. 20　　D. 25

7. 下列关于要约的说法，错误的是(　　)。

A. 要约必须是特定人的意思表示　　B. 要约必须以缔结合同为目的

C. 要约可以撤回但不能撤销　　D. 要约必须具备合同的主要条款

8. 下列关于合同成立与生效的说法，错误的是(　　)。

A. 合同生效与合同成立是两个不同的概念

B. 合同在成立后，立即产生法律效力

C. 合同成立的判断依据是承诺是否生效

D. 合同依法成立之时，就是同步的合同生效之日

9. 关于合同内容没有约定或者约定不明确问题的处理中，逾期提取标的物或者逾期付款的，遇价格上涨时，按照(　　)执行。

A. 新价格　　B. 政府指导价

C. 政府定价　　D. 原价格

10. 联合共同承包的各方对承包合同的履行承担(　　)责任。

A. 各自　　B. 独自

C. 共同　　D. 连带

11. 在法律上，工程施工合同的订立应采取要约和(　　)两个方式。

A. 履约　　B. 承诺

C. 违约　　D. 要约邀请

12. 建设单位因故不能开工的，应当向发证机关申请延期，延期以两次为限，每次不超过(　　)个月。

A. 1　　B. 2

C. 3　　D. 4

13. 根据《建筑法》的规定，建设单位应当自领取施工许可证之日起(　　)个月内开工。

A. 1　　B. 2

C. 3　　D. 6

14. 下列不属于仲裁活动的基本原则(　　)。

A. 自愿原则

B. 尊重事实、依据法律的公平合理原则

C. 依法独立进行原则

D. 一裁终局原则

15. 根据《民法典合同编》的规定，合同是平等主体的自然人、法人、其他组织之间设立、变更、终止(　　)关系的协议。

A. 劳动　　B. 行政

C. 民事权利义务　　D. 承包经营

16. 投标人少于(　　)个的，招标人应当依法重新招标。

A. 5　　B. 4

C. 3　　D. 2

17. 根据《招标投标法》的规定，自中标通知书发出之日起(　　)日内签订书面合同。

A. 15　　B. 28

C. 30　　D. 48

18. 关于招标投标的投诉和处理，如果投标人或者其他利害关系人认为招标投标活动

不符合法律、行政法规规定，可以自知道或者应当知道之日起(　　)日内向有关行政监督部门投诉，投诉应当有明确的请求和必要的证明材料。

A. 3　　B. 5

C. 8　　D. 10

19. 下列文件中，属于要约邀请文件的是(　　)。

A. 招标文件　　B. 投标书

C. 中标通知书　　D. 补充合同

20. 根据《招标投标法》的规定，业主进行邀请招标时应当向(　　)家以上具备承担招标项目的能力、资信良好的特定法人或其他组织发出投标邀请书。

A. 2　　B. 3

C. 4　　D. 5

21. 根据《招标投标法》规定，在我国境内可以不进行招标的项目是(　　)。

A. 公用事业的项目　　B. 国家融资的项目

C. 使用国家资金的项目　　D. 使用专有技术的项目

22. 某工程建设项目设计招标中，设计单位甲投标报价为2000万元，则其投标保金最高应为(　　)万元。

A. 4　　B. 10

C. 20　　D. 40

23. 根据《民法典合同编》的规定，与无权代理人签订合同的相对人可以催告被代理人在(　　)个月内予以追认。

A. 1　　B. 2

C. 3　　D. 6

24. 当事人订立合同，必须经过的程序是(　　)。

A. 担保和承诺　　B. 要约和担保

C. 要约和承诺　　D. 承诺和公正

25. 根据《最高人民法院关于审理建设工程施工合同纠纷案件适用法律问题的解释(一)》，下列不予支持的诉讼请求是(　　)。

A. 垫资工程款利息没有约定的情况下，承包人请求支付利息

B. 施工合同无效，但工程竣工验收合格，承包人请求按合同约定支付工程价款

C. 施工合同无效，已完工程质量合格，承包人请求按合同约定支付工程价款

D. 施工合同无效，已完工程质量不合格但修复后工程验收合格，发包人请求承包人承担修复费用

26. 由同一专业的单位组成的联合体投标时，按照(　　)的单位确定资质等级。

A. 资质等级较低的　　B. 资质等级较高的

C. 平均资质等级　　D. 高低都成

27. 甲乙两公司为减少应纳税款，以低于实际成交的价格签订合同，根据《民法典合同编》的规定，该合同为(　　)合同。

A. 无效　　B. 可变更可撤销

C. 有效　　D. 效力待定

28. 在建筑安全生产管理中，建筑施工企业在编制施工组织设计时，应当根据建筑工程的特点制定相应的(　　)。

A. 专项安全技术措施　　B. 安全管理措施

C. 安全技术措施　　D. 技术措施

29. 关于勘察、设计单位工程承揽描述错误的是(　　)。

A. 从事建设工程勘察、设计的单位应当依法取得相应等级的资质证书

B. 勘察、设计单位在其资质等级许可的范围内承揽工程

C. 禁止勘察、设计单位超越其资质等级许可的范围承揽工程

D. 勘察、设计单位不得转包或者分包所承揽的工程

30. 分包单位向(　　)负责，服从(　　)对施工现场的安全生产管理。

A. 总承包单位，总承包单位　　B. 总承包单位，建设单位

C. 建设单位，总承包单位　　D. 建设单位，建设单位

31. 根据《建筑法》的规定，关于联合承包的说法不正确的是(　　)。

A. 按承包各方投入比例承担相应责任

B. 大型建筑工程或结构复杂的建筑工程，可以由两个以上的承包单位联合共同承包

C. 共同承包的各方对承包合同的履行承担连带责任

D. 按照资质等级低的单位的业务许可范围承揽工程

32. 下列关于建筑企业保险费用的描述正确的是(　　)。

A. 鼓励为职工参加工伤保险缴纳工伤保险费

B. 鼓励企业为从事危险作业的职工办理意外伤害保险，支付保险费

C. 企业必须为从事危险作业的职工办理意外伤害保险

D. 由建设单位承担意外伤害保险的保险费用

33. 根据《建筑法》的规定，建筑工程由多个承包单位联合共同承包的，下列关于承包合同履行责任的说法，正确的是(　　)。

A. 由牵头承包方承担主要责任

B. 由资质等级高的承包方承担主要责任

C. 由承包各方承担连带责任

D. 按承包各方投入比例承担相应责任

34. 建设工程施工许可证应当由(　　)申请领取。

A. 施工单位　　B. 设计单位

C. 监理单位　　D. 建设单位

35. 根据《民法典合同编》的规定，双方当事人在合同中既约定违约金，又约定定金的，当一方违约时，对方(　　)。

A. 只能适用违约金条款

B. 可以选择适用违约金或者定金条款

C. 只能适用定金条款

D. 可同时适用违约金和定金条款

36. 根据《民法典合同编》的规定，当事人以自己的行为放弃撤销权的，(　　)。

A. 撤销权仍然存在

B. 撤销权消灭

C. 撤销权存在与否取决于当事人的意志

D. 撤销权存在与否应由人民法院裁定

37. 根据《民法典合同编》的规定，执行政府定价或政府指导价的，在合同约定的交付期限内政府价格调整时，按照(　　)计价。

A. 合同签约时的价格

B. 合同签约后一个月的政府指导价

C. 交付时的价格

D. 合同签约后一个月的政府定价

38. 根据《民法典合同编》的规定，在执行政府定价的合同履行中，需要按新价格执行的情形是(　　)。

A. 逾期付款的，遇价格上涨时

B. 逾期付款的，遇价格下降时

C. 逾期提取标的物的，遇价格下降时

D. 逾期交付标的物的，遇价格上涨时

39. 判断合同是否成立的依据是(　　)。

A. 合同是否生效　　B. 合同是否产生法律约束力

C. 要约是否生效　　D. 承诺是否有效

40. 下列关于建设工程合同的表述中，错误的是(　　)。

A. 建设工程合同可以采用书面形式或口头形式

B. 订立建设工程合同时，要约人是招标人

C. 建设工程合同的订立，要经过要约和承诺两个阶段

D. 建设工程合同是一种诺成合同，也是一种双务合同

41. 合同当事人之间出现合同纠纷，要求仲裁机构仲裁，仲裁机构受理仲裁前提是当事人提交(　　)。

A. 合同公证书　　B. 仲裁协议书

C. 履约保函　　D. 合同担保书

42. 根据《民法典合同编》的规定，属于可变更、可撤销合同的是(　　)的合同。

A. 以欺诈、胁迫的手段订立损害国家利益

B. 以合法形式掩盖非法目的

C. 因重大误解订立或订立时显失公平

D. 恶意串通，损害国家、集体或第三人利益

43. 根据《建筑法》的规定，获取施工许可证后因故不能按期开工的，建设单位应当申请延期，延期的规定是(　　)。

A. 以两次为限，每次不超过2个月　　B. 以三次为限，每次不超过2个月

C. 以两次为限，每次不超过3个月　　D. 以三次为限，每次不超过3个月

44. 根据《建筑法》的规定，下列表述正确的是(　　)。

A. 经建设单位许可，分包单位可将其承包的工程再分包

B. 两个以上不同资质等级的单位联合承包工程的，可以按资质高的单位考虑

C. 施工现场的安全由建筑施工企业和工程监理单位共同负责

D. 建筑施工企业应当依法为职工参加工伤保险缴纳工伤保险费

45. 根据《民法典合同编》的规定，债权人自撤销事由发生之日起（　　）年内没有行使撤销权的，该撤销权消灭。

A. 1　　　　B. 2

C. 3　　　　D. 5

46. 订立合同的当事人依照有关法律对合同内容进行协商并达成一致意见时的合同状态称为（　　）。

A. 合同订立　　　　B. 合同成立

C. 合同生效　　　　D. 合同有效

47. 根据《民法典合同编》的规定，合同生效后，当事人就价款约定不明确又未能补充协议的，合同价款应按（　　）执行。

A. 订立合同时履行地市场价格

B. 订立合同时付款方所在地市场价格

C. 标的物交付时市场价格

D. 标的物交付时政府指导价

48. 合同的订立需要经过要约和承诺两个阶段，按照《民法典合同编》的规定，要约和承诺的生效是指（　　）。

A. 要约通知发出；承诺通知发出

B. 要约到达受要约人；承诺通知发出

C. 要约通知发出；承诺通知到达要约人

D. 要约到达受要约人；承诺通知到达要约人

49. 根据《民法典合同编》的规定，执行政府定价或政府指导价的，在合同履行过程中（　　）。

A. 在合同约定的期限内政府价格调整时，按订立合同时的价格计价

B. 逾期交付标的物的，遇价格上涨时，按照原价执行

C. 逾期提取标的物的，遇价格上涨时，按照原价执行

D. 逾期提取标的物的，遇价格下降时，按新价执行

50. 下列关于要约和承诺的说明，正确的是（　　）。

A. 合同的成立，需要经过要约邀请、要约、承诺三个阶段

B. 要约到达受要约人时生效，承诺通过发出生效

C. 要约人确定了承诺期限的，要约不得撤销

D. 撤销要约的通知必须在要约达到受要约人之前达到要约人，要约才能撤回

51. 根据《民法典合同编》的规定，合同价款或者报酬约定不明确，且通过补充协议等方式仍不能确定的，应按照（　　）的市场价格履行。

A. 接受货币方所在地　　　　B. 合同订立地

C. 给付货币方所在地　　　　D. 订立合同时履行地

52. 下列关于要约和要约邀请的说明，正确的是（　　）。

A. 要约不能撤销，只能撤回

B. 商业广告不能视为要约

C. 要约邀请是订立合同的一个必经过程

D. 要约到达受要约人时生效

53. 根据《民法典合同编》的规定，下列各类合同中，不属于无效合同的是(　　)。

A. 以合同形式掩盖非法目的的合同

B. 因重大误解订立的合同

C. 损害社会公共利益的合同

D. 恶意串通损害集体利益的合同

54. ★【2020 年重庆】某项目在 2020 年 8 月 10 日领取了施工许可证，根据《建筑法》的规定，该项目应该在(　　)前开工。

A. 2020 年 9 月 10 日　　B. 2020 年 10 月 10 日

C. 2020 年 11 月 10 日　　D. 2020 年 12 月 10 日

55. ★【2020 年重庆】下列各项中，不属于二级造价工程师执业范围的是(　　)

A. 工程造价纠纷调解

B. 施工图预算、设计概算编制

C. 建设工程量清单最高投标限价编制

D. 投标报价编制

56. ★【2020 年浙江】《建设工程质量管理条例》对建设单位、施工单位、工程监理单位的质量责任和义务，以及工程质量保修期限的规定，下列说法正确的是（　　）。

A. 建设单位应当将工程发包给具有相应技术实力和管理水平的单位

B. 施工单位按照工程设计图纸和施工技术标准施工时发现设计文件和图纸有差错，可以直接修改工程设计图纸

C. 工程监理单位应当依照法律、法规以及有关技术标准和建设工程承包合同，代表设计单位对施工质量实施监理

D. 在正常使用条件下，建设工程最低保修期限为：基础设施工程的保修期为设计文件规定的该工程合理使用年限，屋面防水工程为 5 年，供热系统为 2 个采暖期，给水排水管道为 2 年

57. ★【2019 年陕西】建筑工程（限额以下的小型工程除外）开工前，应当由(　　)申请领取施工许可证。

A. 施工单位　　B. 建设单位

C. 监理单位　　D. 总承包单位

58. ★【2019 年陕西】市政道路工程施工许可证的颁发日期是 2019 年 10 月 26 日，根据《建筑法》该工程应当在(　　)前开工。

A. 2019 年 11 月 26 日　　B. 2020 年 1 月 26 日

C. 2020 年 4 月 26 日　　D. 2020 年 10 月 26 日

59. ★【2019 年陕西】根据《建筑法》建筑工程发包的方式正确的是(　　)。

A. 必须实行招标发包

B. 由建设单位自主选择采取招标发包或直接发包

C. 由招标代理机构选择采取招标发包或直接发包

D. 依法实行招标发包，对不适于招标发包的可以直接发包

60. ★【2019 年陕西】实行施工总承包的建筑工程，必须由总承包单位自行完成的是(　　)。

A. 装饰工程　　B. 主体工程

C. 安装工程　　D. 防水工程

61. ★【2019 年陕西】工程监理人员在监理过程中发现工程设计不符合合同约定的质量要求时，应采取的做法是(　　)。

A. 通知设计单位改正

B. 组织技术专家改正

C. 报告建设单位要求设计单位改正

D. 要求施工单位联系质监部门改正

62. ★【2019 年陕西】施工单位甲以施工总承包方式承揽了建设单位乙的新建住院大楼项目施工任务，并将桩基工程、幕墙工程分别分包给了施工单位丙和施工单位丁。则该项目的施工安全由(　　)总负责。

A. 甲　　B. 乙

C. 甲、丙、丁　　D. 甲、乙、丙、丁

63. ★【2020 年湖北】表见代理的法律后果由(　　)承担。

A. 无权代理人　　B. 被代理人

C. 善意相对人　　D. 合同担保人

64. ★【2020 年陕西】关于法的效力层级的说法，正确的是(　　)。

A. 行政法规的法律地位仅次于宪法

B. 国际条约的效力高于地方政府规章

C. 特殊情况下法律、法规可以与宪法不一致

D. 地方性法规的效力高于本级地方政府规章

65. ★【2020 年陕西】某建筑工程因新冠肺炎疫情于 2020 年 2 月 15 日中止施工，建设单位按规定报告了施工许可证发证机关；2020 年 5 月工程拟恢复施工，根据《建筑法》建设单位的正确做法是(　　)。

A. 重新申领施工许可证

B. 向施工许可证发证机关报告

C. 要求施工单位核验施工许可证

D. 请施工许可证发证机关检查工地

66. ★【2020 年陕西】根据《建设工程安全生产管理条例》，列入建设工程概算的安全作业环境及安全施工措施所需费用，施工单位应当用于(　　)。

A. 工程救护设施的建设和救护用具的采购

B. 施工现场环境改善和现场人员安全培训

C. 施工安全防护用具及设施的采购和更新

D. 工程现场安全事故应急预案的编制及演练

67. ★【2020 年陕西】关于中标和签订合同的说法，正确的是(　　)。

A. 确定中标人的权利属于招标人

B. 招标人应当授权评标委员会直接确定中标人

C. 招标人应当在收到评标报告时公示中标候选人

D. 招标人和中标人应当自中标通知书送达之日起 20 日内订立书面合同

68. ★【2020 年陕西】根据《企业所得税法》，企业收入中不征收企业所得税的是(　　)。

A. 利息收入　　B. 租金收入

C. 财政拨款　　D. 接受捐赠收入

69. ★【2020 年陕西】根据《民事诉讼法》，建设工程施工合同争议的人民法院管辖属地是(　　)。

A. 合同签订地　　B. 工程所在地

C. 承包人住所地　　D. 发包人住所地

70. ★【2020 年陕西】根据《民法典合同编》，合同履行过程中的逾期交货且遇到标的物价格变化处理的原则是(　　)。

A. 无论价格上涨还是下降，都按原价执行

B. 无论价格上涨还是下降，都按新价执行

C. 遇价格上涨，按新价执行；遇价格下降，按原价执行

D. 遇价格上涨，按原价执行；遇价格下降，按新价执行

71. ★【2020 年浙江】合同权利义务终止又称为合同的终止或合同的消灭，是指因某种原因而引起的合同权利义务关系，在客观上不复存在。合同的权利义务终止后，当事人应当遵循(　　)原则，根据交易习惯履行通知、协助、保密义务。

A. 全面履行　　B. 局部履行

C. 解释说明　　D. 诚实信用

72. ★【2020 年浙江】合同争议是指合同当事人之间对合同履行状况和合同违约责任承担等问题所产生的意见分歧，错误的是(　　)。

A. 和解与调解是解决合同争议的常用和有效方式

B. 调解有民间调解、仲裁机构调解和法庭调解三种

C. 发生争议的合同当事人双方可以同时选择仲裁和诉讼 2 种方式解决其合同争议

D. 合同争议的当事人不愿和解、调解的，合同当事人可以选择诉讼方式解决合同争议

73. ★【2020 年浙江】据《最高人民法院关于审理建设工程施工合同纠纷案件适用法律问题的解释（一）》的相关规定，错误的是(　　)。

A. 关于开工日期的争议中，承包人经发包人同意已经实施进场施工的，以实际进场施工时间为开工日期

B. 当事人签订的建设工程施工合同与招标文件、投标文件、中标通知书载明的工程价款不一致，一方当事人请求将招标文件、投标文件、中标通知书作为结算工程价款的依据的，人民法院应支持以双方签订的施工合同作为结算依据

C. 当事人在诉讼前已经对建设工程价款结算达成协议，诉讼中一方当事人仍申请对工程造价进行鉴定时，人民法院不予准许

D. 当事人对工程造价、质量、修复费用等专用性问题有争议，人民法院认为需要

鉴定的，应向负有举证责任的当事人释明

74.★【2020年浙江】基本建设项目完工可投入使用或试运行合格后，应当在(　　)个月内编报竣工财务决算，特殊情况需延长的，中、小型项目不得超过(　　)个月。

A. 3、2　　B. 2、3

C. 3、6　　D. 2、12

75.★【2021年北京】建筑合同成立和生效不是必须经过的过程是(　　)。

A. 要约　　B. 要约邀请

C. 合同签订　　D. 合同承诺

76.★【2021年北京】招标人编制的标底，在开标前(　　)。

A. 可以公布　　B. 建议公布

C. 建议保密　　D. 必须保密

77.★【2021年北京】实行项目法人责任制的是(　　)。

A. 政府投资的非经营性项目　　B. 政府投资的经营性项目

C. 工会礼堂　　D. 铁路项目

78.★【2021年甘肃】《民法典合同编》规定，建设工程合同应当采用(　　)形式。

A. 口头　　B. 书面

C. 其他　　D. 以上都有

79.★【2021年甘肃】在合同订立过程中，建设工程招标文件是(　　)。

A. 要约　　B. 要约邀请

C. 承诺　　D. 投标邀请

80.★【2021年甘肃】撤销权自债权人知道或应当知道撤销事由之日起(　　)年内行使。

A. 1　　B. 2

C. 3　　D. 4

81.★【2021年湖北】建设工程施工许可证的申请领取单位是(　　)。

A. 建设单位　　B. 施工单位

C. 设计单位　　D. 监理单位

82.★【2021年湖北】以下文件，(　　)是承诺。

A. 招标公告　　B. 招标文件

C. 投标文件　　D. 中标通知书

83.★【2021年江苏】根据《民法典合同编》，中标通知书可视为(　　)。

A. 协议　　B. 要约

C. 承诺　　D. 新要约

84.★【2021年陕西】属于要约的是(　　)。

A. 招标文件　　B. 投标文件

C. 招标公告　　D. 投标人书面质疑

85.★【2021年江苏】根据《建筑法》，建设工程施工许可证应当由(　　)申请领取。

A. 建设　　B. 设计

C. 监理　　D. 施工

86. ★【2021 年重庆】招标人应当按照招标文件规定的时间、地点开标，投标人不得少于(　　)。

A. 2 个　　B. 3 个

C. 4 个　　D. 5 个

87. ★【2021 年重庆】施工许可证的有效期限，建设单位应当自领取施工许可证之日起(　　)个月开工。

A. 1　　B. 2

C. 3　　D. 6

88. ★【2021 年重庆】建设工程最低保修期限不为 2 年的是(　　)。

A. 电气管道　　B. 给水排水管道

C. 设备安装工程　　D. 主体结构工程

二、多项选择题（每题的备选项中，有 2 个或 2 个以上符合题意，至少有 1 个错项）

1. 下列合同中，属于可撤销合同的有(　　)。

A. 建设单位因对工程内容存在重大误解而订立的合同

B. 施工企业采取欺诈手段订立的损害国家利益的合同

C. 总承包单位将施工图深化设计风险转移给分包单位的合同

D. 建设单位为偷税而订立的施工合同

E. 村民胁迫施工企业订立的供货合同

2. 根据《招标投标法实施条例》的规定，视为投标人相互串通投标的情形有(　　)。

A. 投标人之间协商投标报价

B. 不同投标人委托同一单位办理投标事宜

C. 不同投标人的投标保证金从同一单位的账户转出

D. 不同投标人的投标文件载明的项目管理成员为同一人

E. 投标人之间约定中标人

3. 根据《价格法》的规定，经营者有权制定的价格有(　　)。

A. 资源稀缺的少数商品价格

B. 自然垄断经营的商品价格

C. 属于市场调节的价格

D. 属于政府定价产品范围的新产品试销价格

E. 公益性服务价格

4. 下列关于合同履行的一般规定的说法，正确的是(　　)。

A. 合同双方关于履行地点约定不明确的，给付货币的，应在接受货币一方所在地履行

B. 合同双方关于价款或者报酬约定不明确的，应按照订立合同时履行地的市场价格履行

C. 合同双方就履行期限约定不明确的，债权人可随时要求债务人履行，但应当给对方必要的准备时间

D. 合同双方就履行方式约定不明确的，应按照有利于履行义务一方的方式履行

E. 合同双方就质量约定不明确的，应按照合同中的出错方履行相关业务

5. 下列情形中，不属于投标人串通投标的是(　　)。

A. 投标人 A 与 B 的项目经理为同一人

B. 投标人 C 与 D 的投标文件相互错装

C. 投标人 E 和 F 在同一时刻提前递交投标文件

D. 投标人 G 与 H 作为暗标的技术标由同一人编制

E. 投标人 I 与 J 以同一投标人身份投标

6. 根据《招标投标法》的规定，下列关于招标投标的说法，正确的是(　　)。

A. 招标分为公开招标、邀请招标和议标三种方式

B. 邀请招标时，招标人应当邀请 3 个以上具备相应资质的法人或其他组织采用邀请招标

C. 涉及国家安全、国家秘密的工程可以邀请招标

D. 招标代理机构可以在所代理的招标项目参与中投标

E. 招标人采用公开招标方式的，应当发布招标公告

7. 关于合同履行过程中的附属义务，说法错误的是(　　)。

A. 需要当事人提供必要的条件和说明的，当事人应当根据对方的需要提供必要的条件和说明

B. 需要当事人一方予以协助的，当事人一方应无条件地为对方提供所需要的协助

C. 需要当事人保密的，当事人应当保守其在订立和履行合同过程中所知悉的对方当事人的商业秘密、技术秘密等

D. 合同到期后，发现对方仍有义务没有履行，当事人仍可以要求对方履行

E. 有些情况需要及时通知对方的，当事人一方应及时通知对方

8. 关于投标保证金，下列说法正确的是(　　)。

A. 投标保证金的数额不得少于投标总价的 2%

B. 招标人应当在签订合同后的 30 日内退还未中标人的投标保证金

C. 投标人不得规定最低投标限价

D. 投标人拒绝延长投标有效期的，投标人无权收回其投标保证金

E. 投标保证金的有效期应与投标有效期相同

9. 下列工程建设项目中，除(　　)以外均属于依法必须招标的项目。

A. 使用大型设施的安全项目

B. 使用国家预算资金 200 万以上且该资金占投资额 10%以上的项目

C. 使用国有企事业单位资金且该资金占控股或主导地位的项目

D. 使用国际组织或外国政府贷款的项目

E. 关于社会公共利益和安全的项目

10. 依法应当招标的项目，在下列情形中，可以不进行施工招标的情形是(　　)。

A. 需要采用不可替代的专利或者专有技术

B. 技术复杂、有特殊要求的

C. 已通过招标方式选定的特许经营项目投资人依法能够自行建设、生产或者提供的

D. 采购人自行建设、生产或者提供更为节省成本的

E. 需要向原中标人采购工程、货物或者服务，否则所需费用大量增加的

11. 根据《民法典合同编》的规定，不属于可变更、可撤销的合同的是(　　)。

A. 以欺诈、胁迫的手段订立损害国家利益

B. 以合法形式掩盖非法目的

C. 因重大误解订立或订立时显失公平

D. 恶意串通，损害国家、集体或第三人利益

E. 损害社会公共利益

12. 根据《民法典合同编》的规定，下列关于承诺的说法错误的是(　　)。

A. 承诺期限自要约发出时开始计算

B. 承诺通知一经发出不得撤回

C. 承诺可对要约的内容做出实质改变

D. 受要约人超过承诺期限发出承诺的，为新要约

E. 承诺的内容应当与要约的内容一致

13. 下列情形中，属于投标人相互串通投标的是(　　)。

A. 不同投标人的投标报价呈现规律性差异

B. 不同投标人的投标文件由同一单位或个人编制

C. 投标人之间协商投标报价等投标文件的实质性内容

D. 不同投标人委托了同一单位或个人办理某项投标事宜

E. 投标人之间约定中标人

14. 下列选项中，可以不进行招标的是(　　)。

A. 使用国际组织或者外国政府贷款、援助资金的项目

B. 大型基础设施、公用事业等社会公共利益、公共安全的项目

C. 采购人依法能够自行建设、生产或者提供

D. 全部或者部分使用国家资金投资或者国家融资的项目

E. 建设项目的勘察、设计，采用特定专利或者专有技术的项目

15. 根据《建设工程质量管理条例》的规定，建设工程竣工验收应当具备的条件包括(　　)。

A. 完成建设工程设计和合同约定的各项内容

B. 有完整的施工备案资料，并在建设主管部门备案

C. 有工程使用的主要建筑材料、建筑构配件和设备的进场试验报告

D. 有勘察、设计、施工、工程监理等单位分别签署的质量合格文件

E. 有施工单位签署的工程保修书

16. 根据《建筑法》的规定，下列行为中属于禁止性行为的有(　　)。

A. 施工企业允许其他单位使用本企业的营业执照，以本企业的名义承揽工程

B. 建筑施工企业联合高资质等级的企业承揽超出本企业资质等级许可范围的工程

C. 两个以上的建筑施工企业联合承包大型或结构复杂的建筑工程

D. 总承包单位经建设单位同意后将其承包工程中的部分工程发包给有相应资质条件的分包单位

E. 分包单位将承包的工程根据工程实际再分包给具有相应资质条件的分包单位

17. 根据《建筑法》的规定，建筑工程安全生产管理应建立健全(　　)制度。

A. 责任　　B. 追溯

C. 保证　　D. 群防群治

E. 监督

18.《建筑法》规定的建筑许可内容有(　　)。

A. 建筑工程施工许可　　B. 建筑工程监理许可

C. 建筑工程规划许可　　D. 从业资格许可

E. 建设投资规模许可

19. 关于合同形式的说法，正确的是(　　)。

A. 建设工程合同应当采用书面形式

B. 电子数据交换不能直接作为书面合同

C. 合同有书面和口头两种形式

D. 电话不是合同的书面形式

E. 书面形式限制了当事人对合同内容的协商

20. 在建设工程项目的招标投标活动中，某投标人以低于成本的报价竞标，则(　　)。

A. 该行为目的是排挤其他对手，应当禁止

B. 没有违背诚实信用原则，不应禁止

C. 是降低了工程造价，应当提倡

D. 该投标文件应作废标处理

E. 其做法符合低价中标原则，不应禁止

21. 根据《招标投标法实施条例》的规定，投标人的投标有下列情形之一的，评标委员会应当否决其投标(　　)。

A. 投标文件未经投标单位盖章和单位负责人签字

B. 投标联合体没有提交共同投标协议

C. 投标报价低于成本

D. 投标文件没有对招标文件的实质性要求和条件作出响应

E. 投标报价显著超过标底

22. 根据《招标投标实施条例》的规定，关于投标保证金的说法，正确的有(　　)。

A. 投标保证金有效期应当与投标有效期一致

B. 投标保证金不得超过招标项目估算价的2%

C. 采用两阶段招标的，投标应在第一阶段提交投标保证金

D. 招标人不得挪用投标保证金，招标人最迟应在签订书面合同时退还投标保证金

E. 招标人最迟应在签订书面合同的同时退还投标保证金

23. 根据《建筑法》规定，申请领取建筑工程施工许可证具备的条件包括(　　)。

A. 已经办理用地批准手续　　B. 有满足施工要求的施工图纸

C. 拆迁完毕　　D. 有满足施工需要的资金安排

E. 已确定建筑施工企业

24. 根据《建筑法》的规定，申请领取施工许可证应当具备的条件有(　　)。

A. 建设资金已全部到位
B. 已提交建筑工程用地申请
C. 已经确定建筑施工单位
D. 有保证工程质量和安全的具体措施
E. 已完成施工图技术交底和图纸会审

25. 根据《民法典合同编》的规定，属于效力待定合同的有(　　)。

A. 因重大误解订立的合同
B. 恶意串通损害第三人利益的合同
C. 在订立合同时显失公平的合同
D. 超越代理权限范围订立的合同
E. 限制民事行能力人订立的合同

26. 下列情况中(　　)的合同是可变更或可撤销的合同。

A. 以欺诈、胁迫的手段订立，损害国家利益
B. 因重大误解而订立
C. 在订立合同时显失公平
D. 以欺诈、胁迫等手段，使对方在违背真实意思的情况下订立
E. 违反法律、行政法规的强制性规定

27. 根据《民法典合同编》的规定，效力待定合同包括(　　)的合同。

A. 损害集体利益
B. 无代理权人以他人名义订立
C. 一方以胁迫手段订立
D. 无处分权的人处分他人财产
E. 损害社会公共利益

28. 合同的订立，必须要经过要约和承诺两个阶段，下列说法正确的是(　　)。

A. 要约达到受要约人时生效，承诺通知发出时生效
B. 要约可以不具备合同的主要条款
C. 承诺可以撤销
D. 承诺可以撤回
E. 要约可以撤回，也可以撤销

29. 《招标投标法》规定了必须进行招标的工程建设项目，这些项目包括(　　)。

A. 大型基础设施、公用事业等关系公共利益、公众安全的项目
B. 全部或者部分使用国有资金投资或国家融资的项目
C. 施工主要技术采用特定的专利或专有技术的
D. 使用国际组织或者外国政府贷款、援助资金的项目
E. 施工企业自建自用的工程，且该施工企业资质等级符合工程要求的

30. 根据《招标投标法实施条例》的规定，属于以不合理条件限制、排斥潜在投标人或投标人的情形有(　　)。

A. 就同一招标项目向投标人提供相同的项目信息
B. 设定的技术和商务条件与合同履行无关
C. 以特定行业的业绩作为加分条件
D. 对投标人采用无差别的资格审查标准
E. 对招标项目指定特定的品牌和原产地

31. ★【2019 年陕西】根据《建筑法》从事建筑活动的建筑施工企业应当具备的条件

有(　　)。

A. 符合规定的注册资本

B. 从事相关活动的技术装备

C. 足够数量的以往类似业绩

D. 符合要求的年纳税金额

E. 与其从事建筑活动相适应的具有法定执业资格的专业技术人员

32. ★【2019 年陕西】合同当事人不履行合同时应依法承担违约责任，违约责任的特点有(　　)。

A. 以有效合同为前提

B. 以违反合同义务为要件

C. 以发生损害后果为要件

D. 可由当事人在法定范围内约定

E. 是一种民事赔偿责任

33. ★【2019 年陕西】关于建设工程实际竣工日期的说法，正确的有(　　)。

A. 经竣工验收合格的，以竣工验收合格之日为竣工日期

B. 经竣工验收合格的，以发包人组织验收之日为竣工日期

C. 发包人拖延验收的，以竣工验收合格之日为竣工日期

D. 发包人拖延验收的，以承包人提交竣工验收报告之日为竣工日期

E. 未经竣工验收，发包人擅自使用的，以转移占有建设工程之日为竣工日期

34. ★【2019 年陕西】施工现场应设置明显安全警示标志的位置有(　　)。

A. 塔式起重机

B. 配电箱

C. 楼梯口

D. 基坑底部

E. 施工现场入口

35. ★【2021 年北京】以下属于招标人和投标人串通的有(　　)。

A. 招标人在开标前开启投标文件并将有关信息泄露给其他投标人

B. 向特定的人提供招标信息

C. 限定或指定特定的品牌

D. 明示或暗示投标人压低投标报价

E. 邀请特定的人参加踏勘

36. ★【2021 年甘肃】根据《政府采购法》，下列属于政府采购方式的有(　　)。

A. 公开招标

B. 邀请招标

C. 竞争性谈判

D. 单一来源采购

E. 直接发包

37. ★【2021 年甘肃】建设工程合同纠纷解决方式(　　)。

A. 变更

B. 调解

C. 管制

D. 仲裁

E. 诉讼

38. ★【2021 年甘肃】《民法典合同编》规定，合同一般包括(　　)等条款。

A. 标的

B. 价款或报酬

C. 质量

D. 公证条款

E. 违约责任

答案与解析

一、单项选择题

1. C；2. A；3. B；4. D；5. C；6. C；7. C；8. B　9. A；10. D；
11. B；12. C；13. C；14. D；15. C；16. C；17. C；18. D；19. A；20. B；
21. D；22. D；23. A；24. C；25. A；26. A；27. A；28. C；29. D；30. A；
31. A；32. B；33. C；34. D；35. B；36. B；37. C；38. A；39. D；40. A；
41. B；42. C；43. C；44. D；45. A；46. B；47. A；48. D；49. B；50. C；
51. D；52. D；53. B；54. C；55. A；56. D；57. B；58. B；59. D；60. B；
61. C；62. C；63. B；64. D；65. B；66. C；67. A；68. C；69. B；70. D；
71. D；72. C；73. B；74. A；75. B；76. D；77. B；78. B；79. B；80. A；
81. A；82. D；83. C；84. B；85. A；86. B；87. C；88. D。

二、多项选择题

1. AE；2. BCD；3. CD；4. ABCE；5. CE；6. BEA；7. BD；
8. CE；9. AE；10. AC；11. ABDE；12. ABCD；13. CE；14. CE；
15. ACDE；16. ABDE；17. AD；18. AD；19. AD；20. AD；21. ABCD；
22. ABD；23. ABDE；24. CD；25. DE；26. BCD；27. BD；28. DE；
29. ABD；30. BCE；31. ABE；32. ABDE；33. ADE；34. ABCE；35. ABD；
36. ABCD；37. BDE；38. ABCE。

单选题解析

多选题解析

第2节　工程造价管理制度

一、单项选择题（每题的备选项中，只有1个最符合题意）

1. 根据《注册造价工程师管理办法》的规定，注册造价工程师注册有效期满需继续执业的，其中延续注册，延续注册的有效期为(　　)年。

A. 2　　B. 3
C. 4　　D. 5

2. 根据《注册造价工程师管理办法》的规定，注册造价工程师注册有效期满需继续执业的，应在注册有效期满(　　)日前，按照规定的程序申请延期注册。

A. 5　　B. 10
C. 20　　D. 30

3. 根据《注册造价工程师管理办法》的规定，注册造价工程师职业刚满 1 年时变更注册单位，则该注册造价工程师在新单位的注册有效期为(　　)年。

A. 1　　B. 2

C. 3　　D. 4

4. 根据《注册造价工程师管理办法》的规定，取得造价工程师职业资格证书的人员逾期未申请初始注册的，须(　　)后方可申请初始注册。

A. 通过注册机关的考核　　B. 重新参加职业资格考试并合格

C. 由聘用单位出具证明　　D. 符合继续教育的要求

二、多项选择题（每题的备选项中，有 2 个或 2 个以上符合题意，至少有 1 个错项）

1. 造价工程师应具有良好的职业道德，遵守(　　)的原则，以高质量的服务和优秀的业绩，赢得社会和客户对造价工程师职业的尊重。

A. 诚信　　B. 公正

C. 敬业　　D. 精业

E. 进取

2. ★【2019 年陕西】二级造价工程师可独立开展的具体工作有(　　)。

A. 建设工程量清单编制　　B. 建设工程工料分析

C. 施工图预算编制　　D. 工程造价纠纷调解

E. 工程诉讼中的造价鉴定

3. ★【2020 年陕西】关于二级造价工程师执业活动的说法，正确的有(　　)。

A. 可以同时受聘于两个单位执业

B. 主要协助一级造价工程师开展工作

C. 可以委托他人代理本人实施项目成本管理

D. 应在本人工程造价咨询成果文件上签章，并承担相应责任

E. 经受聘企业认可后，可以独立开展建设工程计价依据的编制

答案与解析

一、单项选择题

1. C；　2. D；　3. C；　4. D。

二、多项选择题

1. ABDE；　2. ACD；　3. BD。

单选题解析

多选题解析

第2章 工程项目管理

第1节 工程项目管理概述

一、单项选择题（每题的备选项中，只有1个最符合题意）

1. 工程项目的种类繁多，为了适应科学管理的需要，可以从不同的角度进行分类，建设工程项目按项目的(　　)划分，可分为政府投资项目和非政府投资项目。

A. 建设性质　　B. 投资来源
C. 项目规模　　D. 投资作用

2. 根据《房屋建筑和市政基础设施工程施工图设计文件审查管理办法》的规定，(　　)应当将施工图送施工图审查机构审查。

A. 施工单位　　B. 监理单位
C. 建设单位　　D. 设计单位

3. 项目后评价是工程项目实施阶段管理的延伸，它的基本方法是(　　)。

A. 统计法　　B. 比例法
C. 理论计算法　　D. 对比法

4. 项目管理知识体系中，(　　)是指为满足项目利益相关者目标而开展的计划、管理和控制活动。

A. 项目范围管理　　B. 项目时间管理
C. 项目质量管理　　D. 项目人力资源管理

5. 工程设计阶段，(　　)的目的是阐明在指定的地点时间和投资控制数额内，拟建项目在技术上的可行性和经济上的合理性。

A. 初步设计　　B. 技术设计
C. 施工图设计　　D. 施工图设计文件的审查

6. 生产准备工作一般应包括的主要内容有(　　)等。

A. 组织准备、资金准备、物资准备　　B. 组织准备、技术准备、管理准备
C. 组织准备、技术准备、物资准备　　D. 管理准备、技术准备、资金准备

7. 建设工程项目管理的任务中，(　　)的主要任务是采用规划、组织、协调等手段，采取组织、技术、经济、合同等措施，确保项目总目标的实现。

A. 风险管理　　B. 信息管理
C. 目标控制　　D. 合同管理

8. 竣工决算文件中，真实记录各种地下、地上建筑物等详细情况的技术文件是(　　)。

A. 总平面图　　B. 竣工图
C. 施工图　　D. 交付使用资产明细表

9. 在一个建设工程项目中，具有独立的设计文件，竣工后可以独立发挥生产能力或效益的一组配套齐全的工程项目属于(　　)。

A. 分部工程　　B. 单位工程

C. 单项工程　　D. 分项工程

10. 关于采用(　　)的政府投资项目，政府需要从投资决策的角度审批项目建议书和可行性研究报告，除特殊情况外不再审批开工报告，同时还要严格审批其初步设计和概算。

A. 投资补助、转贷和资本金注入方式

B. 直接投资和贷款贴息方式

C. 投资补助、转贷和贷款贴息方式

D. 直接投资和资本金注入方式

11. 建设程序，是指(　　)在整个建设过程中，各项工作的先后顺序。

A. 建设项目可能遵循　　B. 建设工程必须遵循

C. 建设项目必须遵循　　D. 建设项目可能遵循

12. 一座大型食品加工厂属于(　　)。

A. 单项工程　　B. 建设工程

C. 建设项目　　D. 单位工程

13. 一栋教学办公楼属于(　　)。

A. 单项工程　　B. 分部工程

C. 建设工程　　D. 单位工程

14. 某大型商场的桩基础属于(　　)。

A. 建设工程　　B. 单项工程

C. 分部工程　　D. 单位工程

15. 下列不属于按建设项目的投资效益分类的是(　　)。

A. 竞争性项目　　B. 基础性项目

C. 公益性项目　　D. 生产性项目

16. 下列按照投资作用进行建设项目分类的是(　　)。

A. 生产性建设项目和非生产型建设项目

B. 限额以上和限额以下项目

C. 政府投资项目和非政府投资项目

D. 竞争性项目，基础性项目和公益性项目

17. 下列关于项目建议书的说法，错误的是(　　)。

A. 项目建议书经批准后，可以进行详细的可行性研究工作，但并不表明项目非上不可

B. 经过批准的项目建议书是项目的最终决策

C. 企业不需要编制项目建议书而可直接编制可行性研究报告

D. 项目建议书的主要作用是推荐一个拟建项目，供国家选择并确定是否进行下一步工作

18. 如果初步设计提出的总概算超过可行性研究报告总投资的(　　)以上或者其他主

要指标需要变更时，应说明原因和计算依据，并重新向原审批单位报批可行性研究报告。

A. 5%　　B. 10%

C. 15%　　D. 20%

19. 建设项目在开工建设之前完成工程建设准备工作并具备开工条件后，由(　　)负责及时办理工程质量监督手续和施工许可证。

A. 建设单位　　B. 施工单位

C. 监理单位　　D. 设计单位

20. 工程竣工验收的准备应由(　　)负责。

A. 建设单位　　B. 施工单位

C. 监理单位　　D. 设计单位

21. 关于竣工图的绘制，一般规定：不管在单位施工过程中图纸有无变更、最终是否需要重新绘制，但必须由(　　)负责在原施工图或重新绘制的工程图上加盖“竣工图”标志，才能作为竣工图。

A. 建设单位　　B. 施工单位

C. 监理单位　　D. 设计单位

22. 项目后评价的基本方法是(　　)。

A. 对比法　　B. 分析法

C. 统计法　　D. 总结评价法

23. 建设工程项目管理的核心任务是(　　)。

A. 控制项目采购　　B. 控制项目目标

C. 控制项目风险　　D. 控制项目信息

24. 在建设工程项目的决策和实施过程中，由于各阶段的任务和实施主体不同，构成了不同类型的项目管理。(　　)是全过程的项目管理，包括项目决策与实施阶段的各个环节。

A. 业主方项目管理　　B. 工程总承包方项目管理

C. 设计方项目管理　　D. 施工方项目管理

25. 建设项目的三阶段设计是指(　　)。

A. 单位工程设计、单项工程设计、建筑项目总设计

B. 初步设计、技术设计、施工图设计

C. 总图运输设计、平面设计、立面设计

D. 初步设计、技术设计、扩大初步设计

26. 根据《国务院关于投资体制改革的决定》，关于采用直接投资和资本金注入方式的政府投资项目，除特殊情况外，政府主管部门不再审批(　　)。

A. 项目建议书　　B. 项目初步设计

C. 项目开工报告　　D. 项目可行性研究报告

27. 下列属于分部工程的是(　　)。

A. 既有工厂的车间扩建工程　　B. 工业车间的设备安装工程

C. 房屋建筑的装饰装修工程　　D. 基础工程中的土方开挖工程

28. 根据《国务院关于投资体制改革的决定》，关于采用贷款贴息方式的政府投资项

目，政府需要审批(　　)。

A. 项目建议书　　B. 可行性研究报告

C. 工程概算　　D. 资金申请报告

29. 根据《建筑工程施工质量验收统一标准》GB 50300—2013，下列工程中，属于分部工程的是(　　)。

A. 木门窗安装工程　　B. 外墙防水工程

C. 土方开挖工程　　D. 智能建筑工程

30. 根据《建筑工程施工质量验收统一标准》GB 50300—2013，下列工程中，属于分项工程的是(　　)。

A. 电气工程　　B. 钢筋工程

C. 屋面工程　　D. 基坑支护

31. 对于一般工业与民用建筑工程而言，下列工程中，属于分部工程的是(　　)。

A. 通风与空调工程　　B. 砖砌体工程

C. 玻璃幕墙工程　　D. 裱糊与软包工程

32. 根据《国务院关于投资体制改革的决定》，企业不使用政府资金投资建设《政府核准的投资项目目录》中的项目时，企业仅需向政府提交(　　)。

A. 项目申请报告　　B. 项目可行性研究报告

C. 项目开工报告　　D. 项目初步设计文件

33. 对于一般工业项目的办公楼而言，下列工程中属于分部工程的是(　　)。

A. 土方开挖与回填工程　　B. 通风与空调工程

C. 玻璃幕墙工程　　D. 门窗制作与安装工程

34. 根据《国务院关于投资体制改革的决定》，实行备案制的项目是(　　)。

A. 政府直接投资的项目

B. 采用资金注入方式的政府投资项目

C. 政府核准的投资项目目录外的企业投资项目

D. 政府核准的投资项目目录内的企业投资项目

35. 为了保护环境，在项目实施阶段应做到“三同时”。这里的“三同时”是指主体工程与环保措施工程要(　　)。

A. 同时施工、同时验收，同时投入运行

B. 同时审批、同时设计、同时施工

C. 同时设计、同时施工、同时投入运行

D. 同时施工、同时移交、同时使用

36. 建设工程项目管理的核心任务是控制好项目的三大目标。下列不属于项目管理三大目标的是(　　)。

A. 工程项目质量　　B. 工程项目造价

C. 工程项目进度　　D. 工程项目安全

37. 在建设项目构成中，属于分项工程的是(　　)。

A. 电梯工程　　B. 地下防水

C. 混凝土工程　　D. 土石方工程

38. 工程项目建设程序是指整个建设过程中，各项工作必须遵循的先后工作次序，不得任意颠倒。下列政府投资工程项目次序表示正确的是(　　)。

A. 可行性研究→项目建议书→初步设计→施工图设计→开工准备→工程施工→项目后评价→竣工验收

B. 可行性研究→项目建议书→初步设计→开工准备→施工图设计→工程施工→项目后评价→竣工验收

C. 项目建议书→可行性研究→初步设计→开工准备→施工图设计→工程施工→竣工验收→项目后评价

D. 项目建议书→可行性研究→初步设计→施工图设计→开工准备→工程施工→竣工验收→项目后评价

39. 具备独立施工条件并能形成独立使用功能的建筑物及构筑物的是(　　)。

A. 单项工程　　B. 单位工程

C. 分部工程　　D. 分项工程

40. 下列不属于分部工程的是(　　)。

A. 土建工程　　B. 屋面工程

C. 主体结构工程　　D. 地基与基础工程

41. 完成施工用水、电、路工程和征地、拆迁以及场地平整等工作，应该属于(　　)阶段的工作内容。

A. 施工图设计　　B. 建设准备

C. 建设实施　　D. 生产准备

42. 建设项目全部完成，可以向负责验收的单位提出竣工验收申请报告。下列单位中，负责提出竣工验收申请报告的应当是(　　)。

A. 建设单位　　B. 总承包单位

C. 监理单位　　D. 建设行政主管部门

43. 下列不属于建设实施阶段的是(　　)。

A. 施工安装　　B. 工程设计

C. 编报项目建议书　　D. 生产准备

44. 下列属于建设实施阶段的是(　　)。

A. 竣工验收　　B. 工程设计

C. 编报可行性研究报告　　D. 编报项目建议书

45. 根据《建筑工程施工质量验收统一标准》GB 50300—2013，下列工程中，属于分项工程的是(　　)。

A. 计算机机房工程　　B. 轻钢结构工程

C. 土方开挖工程　　D. 外墙防水工程

46. 根据《建筑工程施工质量验收统一标准》GB 50300—2013，下列工程中，属于分项工程的是(　　)。

A. 电气工程　　B. 钢筋工程

C. 屋面工程　　D. 基础工程

47. 工程项目可根据投资作用划分为生产性工程项目和非生产性工程项目两类，下列

项目中属于生产性工程项目的是(   )。

A. 办公建筑　　B. 基础设施建设项目

C. 公共建筑　　D. 居住建筑

48. 对一般工业与民用建筑工程而言，下列工程中属于分项工程的是(   )。

A. 地基与基础处理　　B. 电气工程

C. 电梯工程　　D. 钢结构基础

49. 根据《建筑工程施工质量验收统一标准》GB 50300—2013，具有独立施工条件和能形成独立使用功能是(   )划分的基本要求。

A. 单位工程　　B. 单项工程

C. 分部工程　　D. 分项工程

50. 下列选项中，属于分项工程的是(   )。

A. 铝合金结构工程　　B. 模板工程

C. 屋面工程　　D. 砌体结构工程

51. 在实际工作中，往往从效益后评价、过程后评价两个方面对工程项目进行后评价。下面属于效益后评价的是(   )。

A. 项目可持续性后评价　　B. 立项决策系统分析

C. 设计施工系统分析　　D. 生产运营系统分析

52. 根据《国务院关于投资体制改革的决定》，下列关于项目投资决策审批制度的说明，正确的是(   )。

A. 政府投资项目实行审批制和核准制

B. 采用资本金注入方式的政府投资项目，需要审批项目建议书、可行性研究报告和开工报告

C. 对于企业不使用政府资金投资建设的项目，一律实行备案制

D. 按规定应实行备案的项目由企业按照属地原则向地方政府投资主管部门备案

53. 根据国家现行规定，下列关于建设项目竣工验收的表述正确的是(   )。

A. 无论规模大小，建设项目完工后均应进行初验，然后进行正式验收

B. 建设项目竣工图应由施工单位绘制并加盖“竣工图”标志

C. 由项目主管部门或建设单位向负责验收的单位提出竣工验收申请报告

D. 施工单位必须及时编制竣工决算，分析投资计划执行情况

54. 竣工验收的准备工作不包括(   )。

A. 整理技术资料　　B. 绘制竣工图

C. 编制竣工决算　　D. 组织验收委员会

55. 在工程项目建设程序的(   )，通过对工程项目所作出的基本技术经济规定，编制项目总概算。

A. 可行性研究阶段　　B. 施工图设计阶段

C. 技术设计阶段　　D. 初步设计阶段

56. 下列工作中不属于建设单位在建设准备阶段应进行的工作是(   )。

A. 择优选定承包单位

B. 组织招标选择设备、材料供应商

C. 完成征地拆迁工作

D. 编制项目管理实施规划

57. 根据《建筑工程项目施工图设计文件审查试行办法》，(　　)应当将施工图报送建设行政主管部门，由其委托有关机构进行审查。

A. 设计单位　　B. 建设单位

C. 咨询单位　　D. 质量监督机构

58. 下列项目开工建设准备工作中，在办理工程质量监督手续之后才能进行的工作是(　　)。

A. 办理施工许可证　　B. 编制施工组织设计

C. 编制监理规划　　D. 审查施工图设计文件

59. 目前 BIM 技术在我国工程项目管理中的应用仍处于初级阶段，不属于值得关注和推广的应用是(　　)。

A. 构建可视化模型　　B. 提出工程设计方案

C. 模拟施工　　D. 合理安排资源计划

60. 在建设项目实施阶段，主体工程与环保措施工程应(　　)。

A. 同时设计、同时施工

B. 同时设计、同时施工、同时投入运行

C. 同时施工、同时投入运行

D. 同时施工、同时竣工验收、同时投入运行

61. ★【2019 年陕西】计算工程用工、用料和机械台班消耗的基本单元是(　　)。

A. 单项工程　　B. 单位工程

C. 分部工程　　D. 分项工程

62. ★【2019 年陕西】按照我国现行规定，政府投资项目建设程序的第一个阶段是(　　)。

A. 建设准备　　B. 工程设计

C. 编报项目建议书　　D. 编报可行性研究报告

63. ★【2019 年陕西】政府投资项目的投资决策管理制度是(　　)。

A. 核准制　　B. 备案制

C. 审批制　　D. 听证制

64. ★【2020 年湖北】根据《国务院关于投资体制改革的决定》，政府投资项目实行(　　)。

A. 核准制　　B. 登记备案制

C. 审批制　　D. 听证制

65. ★【2020 年陕西】下列建设工程项目的组成内容，属于单位工程的是(　　)。

A. 图书馆的计算机机房工程　　B. 商住楼的通风与空调工程

C. 工业厂房中的设备安装工程　　D. 机场航站楼的玻璃幕墙工程

66. ★【2020 年陕西】建设项目竣工验收后，应由建设单位编制的工程造价是(　　)。

A. 项目概算　　B. 竣工结算

C. 竣工决算　　D. 后评价核算

67. ★【2020 年陕西】政府投资项目建议书中论述的内容是(　　)。

A. 项目建设技术的先进性　　B. 项目建设条件的可行性

C. 项目建设资金的充分性　　D. 项目建设风险的可控性

68. ★【2020 年陕西】建设投资成果转入生产或使用阶段的标志是(　　)。

A. 施工安装　　B. 竣工验收

C. 生产准备　　D. 过程后评价

69. ★【2021 年北京】工程总承包方项目贯穿于(　　)阶段。

A. 运营　　B. 项目实施

C. 竣工　　D. 可行性研究

70. ★【2021 年湖北】某新建办公楼的主体结构是(　　)。

A. 单项工程　　B. 单位工程

C. 分部工程　　D. 分项工程

二、多项选择题

(每题的备选项中，有 2 个或 2 个以上符合题意，至少有 1 个错项)

1. 建设工程项目是指为完成依法立项的(　　)等各类工程进行的、有起止日期的、达到规定要求的一组相互关联的受控活动组成的特定过程。

A. 新建　　B. 扩建

C. 改建　　D. 营运

E. 维修

2. 建设工程项目按照由整体到局部，由大到小，可以划分为(　　)。

A. 单项工程　　B. 单位工程

C. 分部工程　　D. 分项工程

E. 子项工程

3. 下列属于建设准备阶段的工作有(　　)。

A. 通过招标选择施工单位　　B. 准备必要的施工图纸

C. 招收、培训生产人员　　D. 落实生产原材料供应

E. 征地、拆迁

4. 下列属于建设项目的是(　　)。

A. 某一办公楼的土建工程　　B. 某一化工厂

C. 某一大型体育馆　　D. 某教学楼的安装工程

E. 某教学楼装修工程

5. 下列项目属于单项工程的是(　　)。

A. 纺织厂织布车间　　B. 某一中型规模的火车站

C. 某一住宅楼　　D. 某一大型医院

E. 某一学校

6. 下列属于单位工程的是(　　)。

A. 教学楼的主体工程

B. 办公楼的土建工程

C. 住宅楼±0.000 以下的工程
D. 汽车组装车间的工艺设备安装工程
E. 某教学楼的桩基工程

7. 下列属于一个分部工程的是(　　)。

A. 写字楼的地基基础工程　　B. 教学楼的混凝土楼板工程
C. 图书馆的主体结构工程　　D. 综合楼的钢筋工程
E. 某教学楼屋面工程

8. 建设项目按照项目的投资作用分类有(　　)。

A. 在建项目　　B. 非生产性建设工程项目
C. 筹建项目　　D. 投产项目
E. 生产性建设工程项目

9. 建设项目按照性质不同的分类有(　　)。

A. 新建项目　　B. 扩建项目
C. 筹建项目　　D. 迁建项目
E. 非生产性项目

10. 建设工程项目按项目的投资来源可划分为(　　)。

A. 政府投资项目　　B. 非政府投资项目
C. 生产性项目　　D. 非生产性项目
E. 竞争性项目

11. 工程项目建设程序是指工程项目从策划开始经过评估、决策、(　　)的整个建设过程中，各项工作必须遵循的先后工作次序。

A. 设计　　B. 施工
C. 竣工验收　　D. 投入生产和交付使用
E. 运营

12. 重大项目和技术复杂项目，工程设计工作一般划分为(　　)。

A. 扩大初步设计阶段　　B. 方案设计阶段
C. 初步设计阶段　　D. 施工图设计阶段
E. 技术设计阶段

13. 根据《房屋建筑与市政基础设施工程施工图设计文件审查管理办法》规定，建设单位应当将施工图报送建设行政主管部门，由建设行政主管部门委托关于审查机构，进行(　　)等内容的审查。

A. 结构安全　　B. 强制性标准
C. 规范执行情况　　D. 环境保护
E. 劳动卫生

14. 竣工验收准备工作的主要内容包括(　　)。

A. 整理技术资料　　B. 绘制竣工图
C. 编制竣工决算　　D. 办理工程结算
E. 支付工程款

15. 关于绘制竣工图，下列规定正确的有(　　)。

A. 凡按图施工没有变动的，由施工单位在原施工图上加盖“竣工图”标志后即可
B. 凡有重大改变的如设计原因造成的，由设计单位负责绘制，施工单位负责加盖“竣工图”标志
C. 凡有重大改变的，如施工原因造成的，由施工单位负责绘制，并加盖“竣工图”标志
D. 凡有重大改变的，由于其他原因的，由业主负责绘制，施工单位负责加盖“竣工图”标志
E. 仅有一般性设计变更，可不重新绘制，由施工单位负责加盖“竣工图”标志后即作为竣工图

16. 在项目后评价的实际工作中，往往从下列(　　)方面对建设工程项目进行后评价。

A. 效益后评价　　B. 过程后评价
C. 结果后评价　　D. 财务后评价
E. 合同后评价

17. 施工方项目管理的目标体系包括项目施工质量、成本、工期以及(　　)。

A. 安全和现场标准化　　B. 环境保护
C. 技术　　D. 合同
E. 组织

18. 下列关于建设工程项目管理类型的说法，正确的是(　　)。

A. 业主方项目管理是全过程的项目管理
B. 项目管理单位可以为业主方提供全过程的项目管理
C. 工程总承包的项目管理是指项目施工安装阶段的项目管理
D. 设计方的项目管理应该延伸到项目的施工阶段和竣工验收阶段
E. 设计方的项目管理管理应该实施项目施工质量、成本、工期、安全和环境保护目标体系

19. 下列关于建设工程项目管理任务的说法，正确的是(　　)。

A. 从某种意义上讲，项目的实施工程就是合同订立和履行的过程
B. 组织协调是实现项目目标不可少的方法和手段
C. 目标控制的措施包括组织、技术、经济、合同等措施
D. 信息管理是项目目标控制的基础
E. 为了加快项目进度，环保措施可以列入后期工程实施

20. 根据《建筑工程施工质量验收统一标准》GB 50300—2013，下列工程中，属于分部工程的有(　　)。

A. 工业管道工程　　B. 智能建筑工程
C. 建筑节能工程　　D. 土方回填工程
E. 装饰装修工程

21. 根据《国务院关于投资体制改革的决定》企业投资建设《政府核准的投资项目目录》中的项目时，不再经过批准(　　)的程序。

A. 项目建议书　　B. 项目可行性研究报告

C. 项目初步设计　　D. 项目施工图设计

E. 项目开工报告

22. 基本建设项目按其投资来源可以划分为(　　)。

A. 竞争性投资项目　　B. 非经营性投资项目

C. 政府投资项目　　D. 非政府投资项目

E. 经营性投资项目

23. 下列属于按建设项目性质的分类是(　　)。

A. 扩建项目　　B. 在建项目

C. 改建项目　　D. 迁建项目

E. 恢复项目

24. 建设项目在开工建设之前要切实做好各项准备工作，其主要内容包括(　　)。

A. 征地、拆迁、场地平整以及基坑开挖工作

B. 完成施工用水、电、通信、道路等接通工作

C. 组织招标选择工程监理单位、承包单位及设备、材料供应商

D. 准备必要的施工图纸

E. 办理工程质量监督和施工许可手续

25. 对一般工业与民用建筑工程而言，下列选项中属于子分部工程的是(　　)。

A. 基坑支护工程　　B. 土方开挖工程

C. 砖砌体工程　　D. 地下防水工程

E. 土方回填工程

26. 下列属于分项工程的是(　　)。

A. 木门窗制作与安装工程　　B. 地基与基础工程

C. 地下防水工程　　D. 混凝土工程

E. 钢结构工程

27. 下列关于工程项目组成的说明，正确的是(　　)。

A. 具有独立的设计文件，并能形成独立使用功能的建筑物及构筑物称为单项工程

B. 地基与基础工程主体结构工程是建筑工程的分部工程

C. 具备独立的施工条件，竣工后可以独立发挥生产能力或效益的工程项目为单位工程

D. 电梯工程是分项工程

E. 计量工程用工用料及机械台班消耗的基本单元是分项工程

28. 对于一般工业与民用建筑工程而言，下列属于分部工程的是(　　)。

A. 屋面工程　　B. 幕墙工程

C. 建筑电气工程　　D. 钢筋工程

E. 电梯工程

29. 根据《建筑工程施工质量验收统一标准》GB 50300—2013，建筑工程包括(　　)等分部工程。

A. 地基与基础　　B. 主体结构

C. 装饰装修　　D. 屋面

E. 土建工程

30. 项目法人责任制由项目法人对(　　)等实行全过程负责。

A. 项目策划　　B. 资金筹措

C. 建设实施　　D. 生产经营

E. 资产核算

31. 根据项目的投资效益和市场需求，可以将其划分为(　　)。

A. 竞争性项目　　B. 政府投资项目

C. 基础性项目　　D. 非政府投资项目

E. 公益性项目

32. 根据《房屋建筑和市政基础设施工程施工图设计文件审查管理办法》，施工图审查机构对施工图设计文件审查的内容有(　　)。

A. 是否按限额设计标准进行施工图设计

B. 是否符合工程建设强制性标准

C. 施工图预算是否超过批准的工程概算

D. 地基基础和主体结构的安全性

E. 危险性较大的工程是否有专项施工方案

33. 根据《国务院关于投资体制改革的决定》，只需审批资金申请报告的政府投资项目是指采用(　　)方式的项目。

A. 直接投资　　B. 资本金注入

C. 投资补助　　D. 转贷

E. 贷款贴息

34. 关于工程项目后评价的说法，正确的是(　　)。

A. 项目后评价应在竣工验收阶段进行

B. 项目后评价的基本方法是对比法

C. 项目效益后评价主要是经济效益后评价

D. 过程后评价是项目后评价的重要内容

E. 项目后评价全部采用实际运营数据

35. 工程项目管理的发展趋势包括(　　)。

A. 国际化趋势　　B. 集成化趋势

C. 专业化趋势　　D. 市场化趋势

E. 信息化趋势

36. BIM 技术值得关注和推广的方面包括(　　)。

A. 构建可视化模型　　B. 优化工程设计方案

C. 模拟施工　　D. 强化造价管理

E. 强化施工管理

37. 工程项目管理的核心任务是控制项目目标，项目目标有(　　)。

A. 造价控制　　B. 合同控制

C. 质量控制　　D. 进度控制

E. 索赔控制

38. ★【2019 年陕西】建设项目实施阶段的工作内容有(　　)。

A. 建设准备　　B. 工程设计

C. 项目建议书　　D. 竣工验收

E. 项目后评价

39. ★【2020 年陕西】根据工程项目达到竣工验收、交付使用的标准，应按设计要求与主体工程同时建成使用的设施有(　　)。

A. 消防设施　　B. 环境保护设施

C. 节能减排设施　　D. 劳动安全卫生设施

E. 职工基本生活设施

答案与解析

一、单项选择题

1. B； 2. C； 3. D； 4. C； 5. A； 6. C； 7. C； 8. B； 9. C； 10. D；
11. C； 12. C； 13. A； 14. C； 15. D； 16. A； 17. B； 18. B； 19. A； 20. A；
21. B； 22. A； 23. B； 24. A； 25. B； 26. C； 27. C； 28. D； 29. D； 30. B；
31. A； 32. A； 33. B； 34. C； 35. C； 36. D； 37. C； 38. D； 39. B； 40. A；
41. B； 42. A； 43. C； 44. B； 45. C； 46. B； 47. B； 48. D； 49. A； 50. B；
51. A； 52. D； 53. C； 54. D； 55. D； 56. D； 57. B； 58. A； 59. B； 60. B；
61. D； 62. C； 63. C； 64. C； 65. C； 66. C； 67. B； 68. B； 69. B； 70. C。

二、多项选择题

1. ABC； 2. ABCD； 3. ABE； 4. BC； 5. AC； 6. BD； 7. ACE；
8. BE； 9. ABD； 10. AB； 11. ABCD； 12. CDE； 13. ABC； 14. ABC；
15. ABCD； 16. AB； 17. AB； 18. ABD； 19. ABCD； 20. BCE； 21. ABE；
22. CD； 23. ACDE； 24. BCDE； 25. AD； 26. AD； 27. BE； 28. ACE；
29. ABCD； 30. ABCD； 31. ACE； 32. BD； 33. CDE； 34. BD； 35. ABE；
36. ABCD； 37. ACD； 38. ABD； 39. ABD。

单选题解析

多选题解析

第 2 节　工程项目实施模式

一、单项选择题（每题的备选项中，只有 1 个最符合题意）

1. DBB 模式不包括(　　)。

A. 设计　　B. 经营

C. 招标　　D. 建造

2. DB 模式指的是(　　)。

A. 设计—招标　　B. 招标—建筑

C. 承包—运营　　D. 设计—建造

3. 不赚取总包与分包单位之间的差价的模式是(　　)。

A. DB　　B. DBB

C. CM　　D. DBO

4. 某建设单位在工程项目组织结构设计中采用了直线制组织结构模式（下图所示）。图中反映了业主、设计单位、施工单位和为业主提供设备的供货商之间的组织关系，该图表明(　　)。

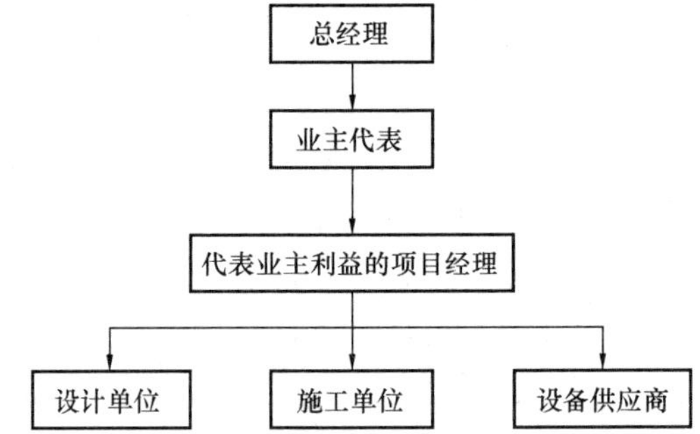

A. 总经理可直接向设计单位下达指令

B. 总经理可直接向项目经理下达指令

C. 总经理必须通过业主代表下达指令

D. 业主代表可直接向施工单位下达指令

5. 某建设公司准备实施一个大型地铁建设项目的施工管理任务。为提高项目组织系统的运行效率，决定设置纵向和横向工作部门以减少项目组织结构的层次。该项目所选用的组织结构模式是(　　)。

A. 线性组织结构　　B. 矩阵组织结构

C. 职能组织结构　　D. 项目组织结构

6. 在某地铁建设项目中，总承包商选择了矩阵式组织结构模式，使得一些项目成员不得不接受来自纵向和横向两个部门的指令。其中发出横向“指令的”工作部门可以是(　　)。

A. 项目经理办公室　　B. 采购管理部

C. 各子项目管理部　　D. 预算管理部

7. 工程项目承包模式中，建设单位组织协调工作量小，但风险较大的是(　　)。

A. 总分包模式　　B. 合作体承包模式

C. 平行承包模式　　D. 联合体承包模式

8. 下列关于 Partnering 模式的说法，正确的是(　　)。

A. Partnering 协议是业主与承包商之间的协议

B. Partnering 模式是一种独立存在的承发包模式

C. Partnering 模式特别强调工程参建各方基层人员的参与

D. Partnering 协议不是法律意义上的合同

9. 代理型 CM 合同由建设单位与分包单位直接签订，一般采用(　　)的合同形式。

A. 固定单价　　B. 可调总价

C. GMP 加酬金　　D. 简单的成本加酬金

10. 下列承发包模式中，采用“保证最大工程费用加酬金”合同形式的是(　　)。

A. 总分包模式　　B. 平行承包模式

C. 代理型 CM 模式　　D. 非代理型 CM 模式

11. 下列关于 CM (Construction Management) 承包模式的说法，正确的是(　　)。

A. CM 单位直接与分包单位签订分包合同

B. CM 单位不负责工程分包的发包，与分包单位的合同由建设单位直接签订

C. CM 承包模式使工程项目实现有条件的“边设计，边施工”

D. 快速路径法施工并不适合 CM 承包模式

12. 下列发承包模式中，通常需要与工程项目其他组织模式中的某一种结合使用的是(　　)。

A. 联合体承包模式　　B. EPC 承包模式

C. 平行承包模式　　D. Partnering 模式

13. 建设工程项目实施 CM 承包模式时，代理型合同由(　　)的计价方式签订。

A. 业主与分包商以简单的成本加酬金

B. 业主与分包商以保证最大工程费用加酬金

C. CM 单位与分包商以简单的成本加酬金

D. CM 单位与分包商以保证最大工程费用加酬金

14. 建设工程采用 CM 承包模式时，CM 单位有代理型和非代理型两种。工程分包单位的签约对象是(　　)。

A. 代理型为建设单位，非代理型为 CM 单位

B. 代理型为 CM 单位，非代理型为建设单位

C. 无论代理型或非代理型，均为建设单位

D. 无论代理型或非代理型，均为 CM 单位

15. 下列关于 CM 承包模式的说法，正确的是(　　)。

A. CM 单位负责分包工程的发包

B. CM 合同总价在签订 CM 合同时即确定

C. GMP 可大大减少 CM 单位的承包风险

D. CM 单位不赚取总包与分包之间的差价

16. 下列工程项目管理组织机构形式中，具有较大的机动性和灵活性，能够实现集权与分权的最优结合，但因有双重领导，容易产生扯皮现象的是(　　)。

A. 矩阵制　　B. 直线职能制

C. 直线制　　D. 职能制

17. 下列工程项目管理组织机构形式中，有利于管理的专业化的是(　　)。

A. 直线职能制和直线制　　B. 矩阵制和职能制

C. 职能制和直线职能制　　D. 矩阵制和直线职能制

18. 下列属于矩阵制组织机构特点的是(　　)。

A. 结构简单、权力集中、易于统一指挥、隶属关系明确

B. 管理人员工作单一，易于提高工作质量

C. 组织机构中各职能部门之间的横向联系差，信息传递路线长，职能部门与指挥部门之间容易产生矛盾

D. 每一个成员都受项目经理和职能部门经理的双重领导

19. 某施工组织机构如下图所示，该组织机构属于(　　)组织形式。

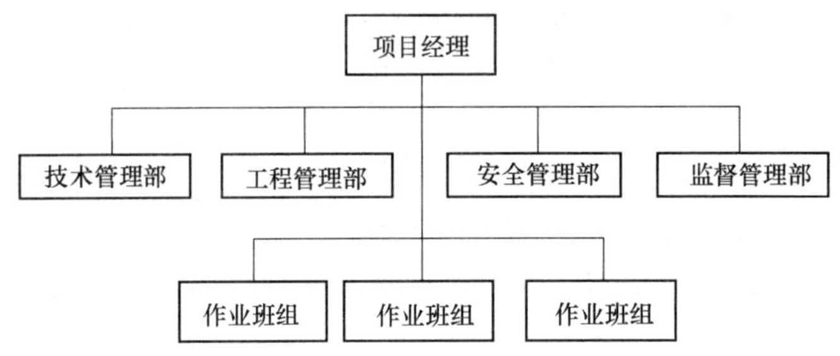

A. 直线制　　B. 职能制

C. 直线职能制　　D. 矩阵制

20. 工程项目管理组织机构采用直线制形式的优点是(　　)。

A. 人员机动、组织灵活　　B. 多方指导、辅助决策

C. 权力集中、职责分明　　D. 横向联系、信息流畅

21. 下列项目管理组织机构形式中，未明确项目经理角色的是(　　)组织机构。

A. 职能制　　B. 弱矩阵制

C. 平衡矩阵制　　D. 强矩阵制

22. 直线职能制组织结构的特点是(　　)。

A. 信息传递路径较短　　B. 容易形成多头领导

C. 各职能部门间横向联系强　　D. 各职能部门职责清楚

23. 对于技术复杂、各职能部门之间的技术界面比较繁杂的大型工程项目，宜采用的项目组织形式是(　　)组织形式。

A. 直线制　　B. 弱矩阵制

C. 中矩阵制　　D. 强矩阵制

24. 下列工程项目管理组织机构中，结构简单、隶属关系明确，便于统一指挥，决策迅速的是(　　)。

A. 直线制　　B. 矩阵制

C. 职能制　　D. 直线职能制

25. ★【2020 年浙江】三同时是指主体工程与环保措施工程要(　　)。

A. 同时设计、同时施工、同时验收

B. 同时审批、同时施工、同时验收

C. 同时设计、同时施工、同时投入运行

D. 同时施工、同时验收、同时投入运行

26. ★【2019 年陕西】对政府投资的非经营性项目，最适宜采用的建设实施组织方式是(　　)。

A. CM 模式　　B. 工程代建制

C. 项目管理承包模式　　D. 项目总承包模式

27. ★【2019 年陕西】PPP 项目的合同体系中，最核心的法律文件是(　　)。

A. 项目合同　　B. 融资合同

C. 运营服务合同　　D. 保险合同

28. ★【2020 年陕西】关于施工总承包模式特点的说法，正确的是(　　)。

A. 有利于建设单位的总投资控制

B. 有利于缩短工程建设工期

C. 施工总承包单位可以自主决定分包内容

D. 分包内容由建设单位在合同中约定

29. ★【2020 年陕西】项目融资 PPP 模式的物有所值定性评价中，采用的补充评价指标是(　　)。

A. 可融资性　　B. 潜在竞争程度

C. 绩效导向与鼓励创新　　D. 全寿命周期成本测算准确性

30. ★【2020 年浙江】当初步设计提出的总概算超过可行性研究报告总投资的(　　)以上或其他主要指标需变更时，应说明原因和计算依据，并重新向原审批单位报批可行性研究报告。

A. 5%　　B. 10%　　C. 15%　　D. 20%

31. ★【2021 年陕西】(　　)属于代建制。

A. 政府建造大桥　　B. 民营大学食堂

C. 法院办公楼　　D. 私人酒窖

32. ★【2021 年重庆】按照工程项目的组成，下列属于分项工程的是(　　)。

A. 建筑节能　　B. 土方开挖

C. 智能建筑　　D. 给水排水及采暖

二、多项选择题

(每题的备选项中，有 2 个或 2 个以上符合题意，至少有 1 个错项)

1. 在建设项目的组织系统中，常用的组织结构模式有(　　)。

A. 项目结构　　B. 矩阵制组织结构

C. 直线制组织结构　　D. 项目合同结构

E. 职能制组织结构

2. 下图示意了一个线性组织结构模式，该图所反映的组织关系有(　　)。

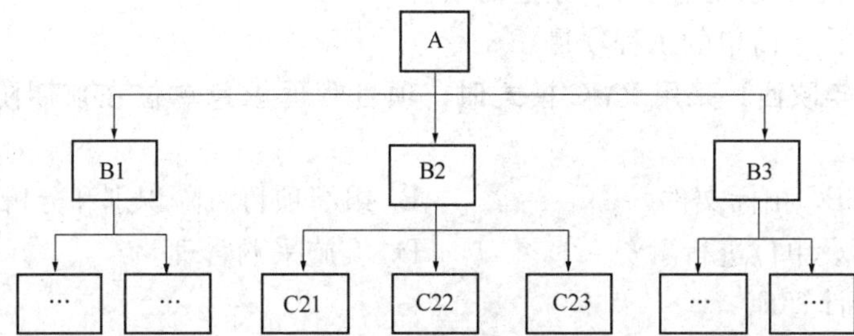

A. B2 接受 A 的直接指挥　　B. A 可以直接向 C21 下达指令
C. A 必须通过 B2 向 C22 下达指令　　D. B2 对 C21 有直接指挥权
E. B1 有权向 C23 下达指令

3. 下列关于 Partnering 模式的说法，正确的是(　　)。

A. Partnering 协议是业主与承包商之间的协议
B. Partnering 模式是一种独立存在的承发包模式
C. Partnering 模式特别强调工程参建各方基层人员的参与
D. Partnering 协议不仅是法律意义上的合同
E. Partnering 模式强调资源共享，对于参与方必须公开信息，以便及时获取、沟通

4. 下列关于直线制组织结构的说法，错误的是(　　)。

A. 每个工作部门的指令是唯一的
B. 高组织层次部门可以向任何低组织层次下达指令
C. 优点是集中领导、职责清晰，有利于提高管理工作的效率
D. 在特大组织系统中，指令路径会很长
E. 可以避免相互矛盾的指令影响系统运行

5. 下列关于工程项目管理组织机构形式说法，正确的是(　　)。

A. 直线制隶属关系明确，易于统一指挥
B. 矩阵制容易形成多头领导
C. 职能制因有双重领导，容易产生扯皮现象
D. 强矩阵制适用于技术复杂且对时间紧迫的项目
E. 弱矩阵制项目经理由企业最高领导任命，并全权负责项目

6. 下列关于强矩阵制组织形式的说法，正确的是(　　)。

A. 项目经理具有较大权限
B. 需要配备训练有素的协调人员
C. 项目组成员绩效完全由项目经理考核
D. 适用于技术复杂且时间紧迫的项目
E. 项目经理直接向最高领导负责

7. 下列关于弱矩阵制组织形式的说法，正确的是(　　)。

A. 项目管理者的权限很小
B. 需要配备训练有素的协调人员
C. 项目组织成员绩效完全由项目经理考核
D. 适用于技术复杂且对时间紧迫的项目
E. 适用于技术简单的工程项目

8. ★【2019 年陕西】采用 PMC 模式时，项目管理承包单位在前期阶段的工作内容有(　　)。

A. 编制 EPC 招标文件　　B. 组织项目风险识别和分析
C. 协助建设单位进行融资　　D. 实施采购管理
E. 进行设计管理

9. ★【2020 年陕西】下列项目中，适于采用 BOT 模式融资的有(　　)。

A. 港口　　B. 医院

C. 监狱　　D. 发电厂

E. 矿山开采

答案与解析

一、单项选择题

1. B；2. D；3. C；4. C；5. B；6. C；7. B；8. D；9. D；10. D；11. C；12. D；13. A；14. A；15. D；16. A；17. C；18. D；19. C；20. C；21. B；22. D；23. D；24. A；25. C；26. B；27. A；28. A；29. D；30. B；31. C；32. B。

二、多项选择题

1. BCE；2. ACD；3. DE；4. BC；5. AD；6. ACDE；7. AE；8. ADC；9. ADE。

单选题解析

多选题解析

第3章 工程造价构成

第1节 概　　述

一、单项选择题（每题的备选项中，只有1个最符合题意）

1. 项目建设期间用于项目的建设投资、建设期贷款利息、流动资金的总和是(　　)。

A. 建设项目总投资　　B. 工程费用

C. 安装工程费　　D. 预备费

2. 不属于建设工程项目总投资中建设投资的是(　　)。

A. 工程建设其他费　　B. 建设用地费

C. 流动资金　　D. 价差预备费

3. 固定资产投资可分为(　　)两部分。

A. 无形资产和有形资产　　B. 新增资产和无形资产

C. 静态投资和动态投资　　D. 无形资产和其他资产

4. 应列入建设项目总投资的铺底流动资金，一般按流动资金的(　　)计算。

A. 10%　　B. 15%

C. 20%　　D. 30%

5. 生产性建设项目总投资包括(　　)。

A. 建设投资、建设利息和流动资金　　B. 建筑工程安装费和建设期利息

C. 无形资产和其他资产　　D. 建设投资和建设期利息

6. 下列不属于静态投资的是(　　)。

A. 建筑安装工程费　　B. 设备及工器具购置费

C. 建设期利息　　D. 基本预备费

7. 在建设项目总投资中，为完成工程项目建设，在建设期内投入且形成现金流出的全部费用是(　　)。

A. 工程造价　　B. 建设项目总投资

C. 建设投资　　D. 工程费用

8. 为完成工程项目建设并达到使用要求或生产条件，在建设期内预计或实际投入的全部费用总和为(　　)。

A. 建设项目总投资　　B. 固定资产投资

C. 建设投资　　D. 工程费用

9. 在某建设项目投资构成中，设备及工器具购置费为800万元，建筑安装工程费为1200万元，工程建设其他费为500万元，基本预备费为150万元，价差预备费为100万元，建设期贷款1800万元，应计利息为180万元，流动资金500万元，则该建设项目的建设投资为(　　)万元。

A. 2620　　B. 2750

C. 2980　　D. 3480

10. 对于非生产性建设项目而言，建设项目总投资由(　　)组成。

A. 固定资产投资和流动资产投资两部分

B. 建设投资和建设期利息两部分

C. 工程费用、工程建设其他费用和预备费三部分

D. 工程费用、工程建设其他费用两部分

11. 已知某项目设备及工、器具购置费为 1000 万元，建筑安装工程费 580 万元，工程建设其他费用 240 万元，预备费 200 万元，基本预备费 150 万元，建设期贷款 500 万元，建设期贷款利息 80 万元，项目正常生产年份流动资产平均占用额为 350 万元，流动负债平均占用额为 280 万元，则该建设项目工程造价为(　　)万元。

A. 2100　　B. 2450

C. 2020　　D. 2950

12. 关于我国现行建设项目投资构成的说法，正确的是(　　)。

A. 生产性建设项目总投资为建设投资和建设期利息之和

B. 工程造价为工程费用、工程建设其他费用和预备费之和

C. 固定资产投资为建设投资和建设期利息之和

D. 工程费用为直接费、间接费、利润和税金之和

13. 根据我国现行建设项目投资构成，建设投资中不包括的费用是(　　)。

A. 工程费用　　B. 工程建设其他费用

C. 建设期利息　　D. 预备费

14. 根据《建设项目经济评价方法与参数》，建设投资由(　　)三项费用构成。

A. 工程费用、建设期利息、预备费

B. 建设费用、建设期利息、流动资金

C. 工程费用、工程建设其他费用、预备费

D. 建筑安装工程费、设备及工器具购置费、工程建设其他费用

15. ★【2019 年陕西】项目投资估算中，运营期内长期占用并周转使用的营运资金为(　　)。

A. 流动资金　　B. 经营成本

C. 固定资金　　D. 应付资金

16. ★【2020 年江西】属于工程费用的是(　　)。

A. 建筑工程费　　B. 建设用地费

C. 基本预备费　　D. 建设期利息

17. ★【2021 年北京】生产性建设项目的总投资由(　　)两部分构成。

A. 固定资产投资和流动资产投资

B. 有形资产投资和无形资产投资

C. 建筑安装工程费用和设备、工器具购置费用

D. 建筑安装工程费用和工程建设其他费用

二、多项选择题（每题的备选项中，有 2 个或 2 个以上符合题意，至少有 1 个错项）

1. 下列属于工程项目建设投资的有（　　）。

A. 建设期利息　　B. 设备及工器具购置费

C. 预备费　　D. 流动资产投资

E. 工程建设其他费

2. 下列组成建设工程项目总概算的费用中，属于工程费用的是（　　）。

A. 勘察设计费用　　B. 建筑工程安装费

C. 建设期利息　　D. 办公生活家具购置费

E. 建设工程项目的设备购置费

3. 工程费用不包括（　　）。

A. 工程保险费　　B. 建筑工程费

C. 设备购置费　　D. 安装工程费

E. 建设管理费

4. 下列属于工程费用的是（　　）。

A. 设备及工器具购置费　　B. 建设期利息

C. 建筑安装工程费　　D. 基本预备费

E. 流动资金

答案与解析

一、单项选择题

1. A；　2. C；　3. C；　4. D；　5. A；　6. C；　7. C；　8. A；　9. B；　10. B；
11. A；　12. C；　13. C；　14. C；　15. A；　16. A；　17. A。

二、多项选择题

1. BCE；　2. BE；　3. AE；　4. AC。

单选题解析

多选题解析

第 2 节　建筑安装工程费

一、单项选择题（每题的备选项中，只有 1 个最符合题意）

1. 施工企业采购的某建筑材料出厂价为 3500 元/t，运费为 400 元/t，运输损耗率为 2%，采购保管费率为 5%，则计入建筑安装工程材料费的该建筑材料单价为（　　）元/t。

A. 4176.9　　B. 4173.0

C. 3748.5　　D. 3745.0

2. 施工中发生的下列与材料有关的费用，属于建筑安装工程费中的材料费的是(　　)。

A. 对原材料进行鉴定发生的费用

B. 施工机械整体场外运输的辅助材料费

C. 原材料的运输装卸过程中不可避免的损耗费

D. 机械设备日常保养所需的材料费用

3. 施工企业向建设单位提供预付款担保生产的费用，属于(　　)。

A. 财务费　　B. 财产保险费

C. 风险费　　D. 办公费

4. 在施工过程中，承包人完成发包人提出的施工图纸以外的零星项目或工作所需的费用是指(　　)。

A. 暂列金额　　B. 措施项目费

C. 暂估价　　D. 计日工

5. 工程总承包人按照合同的约定对招标人依法单独发包的专业工程承包人提供了现场垂直运输设备，由此发生的费用属于(　　)。

A. 总承包服务费　　B. 现场管理费

C. 企业管理费　　D. 暂列金额

6. 在施工过程中承包人按发包人和设计方要求，对构件做破坏性试验的费用应在(　　)中列支。

A. 承包人的措施项目费　　B. 承包人的企业管理费

C. 发包人的工程建设其他费　　D. 发包人的企业管理费

7. 根据现行规定，施工企业为职工缴纳的工伤保险费，属于建筑安装工程费中的(　　)。

A. 文明施工费　　B. 劳动保险费

C. 规费　　D. 安全施工费

8. 根据《建筑安装工程费用和项目组成》，施工项目墙体砌筑所用的沙子在运输过程中不可避免的耗损，应计入(　　)。

A. 企业管理费　　B. 二次搬运费

C. 材料费　　D. 措施费

9. 根据《建筑安装工程费用项目组成》，施工中对建筑材料的一般鉴定、检查费用应计入建筑安装工程(　　)。

A. 材料费　　B. 规费

C. 措施项目费　　D. 企业管理费

10. 根据《建筑安装工程费用项目组成》，施工企业发生的下列费用中，应计入企业管理费的是(　　)。

A. 劳动保险费　　B. 医疗保险费

C. 住房公积金　　D. 养老保险费

11. 根据《建筑安装工程费用项目组成》，对超额劳动和增收节支而支付给个人的劳

动报酬，应计入建筑安装工程费用人工费项目中的(　　)。

A. 奖金　　B. 计时工资或计件工资

C. 津贴补贴　　D. 特殊情况下支付的工资

12. 根据《建筑安装工程费用项目组成》，因病而按计时工资标准的一定比例支付的工资属于(　　)。

A. 特殊情况下支付的工资　　B. 津贴补贴

C. 医疗保险费　　D. 职工福利费

13. 根据《建筑安装工程费用项目组成》，施工企业为保障安全施工搭设的防护网的费用应计入建筑安装工程(　　)。

A. 材料费　　B. 措施项目费

C. 规费　　D. 企业管理费

14. 根据《建筑安装工程费用项目组成》，暂列金额可用于支付(　　)。

A. 施工中发生设计变更增加的费用

B. 业主提供了暂估价的材料采购费用

C. 因承包人原因导致隐蔽工程质量不合格的返工费用

D. 因施工缺陷造成的工程维修费用

15. 下列费用中不属于社会保障费的是(　　)。

A. 养老保险费　　B. 失业保险费

C. 医疗保险费　　D. 住房公积金

16. 下列费用中不属于建筑安装工程中企业管理费的是(　　)。

A. 社会保险费　　B. 房产税

C. 城市维护建设税　　D. 教育费附加

17. 建筑单位发放的工作服属于下列哪项费用(　　)。

A. 规费　　B. 人工费

C. 措施项目费　　D. 企业管理费

18. 施工现场设立的安全警示标志、现场围挡等所需的费用应计入(　　)费用。

A. 分部分项工程　　B. 规费项目

C. 措施项目　　D. 其他项目

19. 根据《建筑安装工程费用项目组成》，工程施工中所使用的仪器仪表维修费应计入(　　)。

A. 施工机具使用费　　B. 工具用具使用费

C. 固定资产使用费　　D. 企业管理费

20. 按费用构成要素划分，人工费是指(　　)。

A. 施工现场所有人员的工资性费用

B. 施工现场与建筑安装施工直接相关的人员的工资性费用

C. 从事建筑安装施工的生产工人及机械操作人员开支的各项费用

D. 直接从事建筑安装工程施工的生产工人开支的各项费用

21. 企业管理费是指建筑安装企业组织施工生产和经营管理所需的费用。下列不属于企业管理费的是(　　)。

A. 办公费　　B. 管理人员基本工资
C. 环境保护费　　D. 固定资产使用费

22. 下列不属于建筑安装工程费的是(　　)。

A. 分部分项工程费　　B. 措施项目费
C. 规费　　D. 工程造价咨询费

23. 根据《建筑安装工程费用项目组成》，下列费用项目，属于施工机具使用费的是(　　)。

A. 仪器仪表使用费　　B. 施工机械财产保险费
C. 大型机械进出费　　D. 大型机械安拆费

24. 关于规费的计算，下列说法正确的是(　　)。

A. 规费虽具有强制性，但根据其组成又可以细分为可竞争性的费用和不可竞争性的费用
B. 规费由社会保险费和工程排污费组成
C. 社会保险费由养老保险费、失业保险费、医疗保险费、生育保险费、工伤保险费组成
D. 规费由意外伤害保险费、住房公积金、工程排污费组成

25. 根据《建筑安装工程费用项目组成》的规定，下列费用中属于安全文明施工费的是(　　)。

A. 夜间施工时发生的夜班补助费　　B. 临时设施清理费
C. 脚手架搭、拆费用　　D. 夜间施工照明

26. 下列费用中属于规费的是(　　)。

A. 文明施工费　　B. 临时设施费
C. 养老保险费　　D. 职工教育经费

27. 教育费附加的征收率是(　　)。

A. 1%　　B. 2%
C. 3%　　D. 5%

28. 措施费是指为完成工程项目施工，发生于该工程施工前和施工过程的(　　)项目的费用。

A. 单位工程　　B. 单项工程
C. 工程实体　　D. 非工程实体

29. 根据《建筑安装工程费用组成》中，材料二次搬运费应计入(　　)。

A. 直接工程费　　B. 措施费
C. 企业管理费　　D. 规费

30. 甲建筑企业为增值税一般纳税人，2016 年 6 月 1 日以清包工方式承接了某县的住宅楼工程，税前造价为 2000 万（包含增值税进项税额的含税价格），若该企业采用简易计税的方法，则应缴纳的增值税为(　　)元。

A. 220.0　　B. 198.2
C. 58.3　　D. 60.0

31. 某施工机械预算价格为 100 万元，折旧年限为 10 年，年平均工作 225 个台班，

残值率为4%，该机械台班折旧费为(　　)元。

A. 426.67　　B. 216

C. 96　　D. 3.84

32. 根据《建筑安装工程费用项目组成》的规定，下列表述正确的是(　　)。

A. 计算人工费的基本要素是人工工日消耗量

B. 材料费中的材料单价由材料原价、材料运杂费、材料损耗费、采购及保管费五项组成

C. 材料费包含构成或计划构成永久工程一部分的工程设备费

D. 施工机具使用费不包含仪器仪表的租赁费

33. 施工现场项目经理的医疗保险费应计入(　　)费用。

A. 人工费　　B. 社会保险费

C. 劳动保险费　　D. 企业管理费

34. 关于建筑安装工程费用中的规费，下列说法错误的是(　　)。

A. 规费是由省级政府和省级有关权力部门规定必须缴纳或计取的费用

B. 规费包括社会保险费、住房公积金

C. 社会保险费中包括财产保险

D. 投标人在投标报价时填写的规费不可高于规定的标准

35. 根据《建筑安装工程费用项目组成》的规定，下列有关费用的表述不正确的是(　　)。

A. 人工费是指支付给直接从事建筑安装工程施工作业的生产工人的各项费用

B. 材料费中的材料单价由材料原价、材料运杂费、材料损耗费、采购费及保管费五项组成

C. 材料费包含构成或计划构成永久工程一部分的工程设备费

D. 施工机具使用费包含仪器仪表使用费

36. 关于建筑安装工程费中材料费的说法，正确的是(　　)。

A. 材料费包括原材料、辅助材料、构配件、零件、半成品、周转材料的费用

B. 材料消耗量是指形成工程实体的净用量

C. 材料检验试验费不包括对构件做破坏性试验的费用

D. 材料费等于材料消耗与材料基价的乘积

37. 下列费用项目，不属于企业管理费的是(　　)。

A. 社会保险费　　B. 劳动保护费

C. 检验试验费　　D. 劳动保险和职工福利费

38. 夏季防暑降温费属于(　　)。

A. 人工费　　B. 措施费

C. 规费　　D. 企业管理费

39. 根据《建筑安装工程费用的组成》项目按两种不同的方式划分，即(　　)。

A. 按项目规模划分和按投资金额划分

B. 按费用构成要素划分和按出资形式划分

C. 按项目规模划分和按出资形式划分

D. 按费用构成要素划分和按造价形成划分

40. 根据《建筑安装工程费用的组成》，下列属于规费的是(　　)。

A. 劳动保险费　　B. 环境保护费

C. 生育保险费　　D. 文明施工费

41. 下列属于企业管理费的是(　　)。

A. 企业按规定标准为职工缴纳的基本医疗保险费

B. 企业按规定标准为职工缴纳的住房公积金

C. 企业按规定缴纳的房产税

D. 企业按规定缴纳的施工现场环境保护费

42. 根据《建筑安装工程费用项目组成》，下列费用项目属于按造价形成划分的是(　　)。

A. 人工费　　B. 企业管理费

C. 利润　　D. 税金

43. 下列属于安全文明施工费的是(　　)。

A. 夜间施工增加费　　B. 临时设施费

C. 冬、雨期施工增加费　　D. 二次搬运费

44. 根据《建筑安装工程费项目组成》的规定，下列费用应列入暂列金额的是(　　)。

A. 施工过程中可能发生的工程变更及索赔、现场签证等费用

B. 应建设单位要求，完成建设项目之外的零星项目费用

C. 对建设单位自行采购的材料进行保管所发生的费用

D. 施工用电、用水的开办费

45. 小规模纳税人提供应税服务适用(　　)计税。

A. 简易计税方法　　B. 简单计税方法

C. 一般计税方法　　D. 复杂计税方法

46. 简易计税方法与一般计税方法相比，计税基数的差异是(　　)。

A. 税前造价

B. 人工费、材料费、施工机具使用费、企业管理费、利润和规费之和

C. 执行营业税改征增值税试点实施办法

D. 各费用项目均以包含增值税进项税额的含税价格计算

47. 某市属建筑公司收到某县城工程一笔税前1000万元（不包含增值税可抵扣的进项税额）的进度款，当采用一般计税方法时，该工程造价为(　　)万元。

A. 30　　B. 110

C. 1030　　D. 1090

48. 下列不能作为企业管理费计算基数的是(　　)。

A. 人工费　　B. 人工费和机具费的合计

C. 人工费、材料费和机具费的合计　　D. 直接费

49. 下列不属于安全文明施工费的计算基数的是(　　)。

A. 定额人工费+定额材料费

B. 定额分部分项工程费＋定额中可以计量的措施费

C. 定额人工费

D. 定额人工费与施工机具使用费之和

50. ★【2020 年陕西】根据《建筑安装工程费用项目组成》文件的规定，对构件和建筑安装物进行一般鉴定和检查所发生的费用列入（　　）。

A. 材料费　　B. 措施费

C. 研究试验费　　D. 企业管理费

51. ★【2020 年浙江】属于安全文明施工费的是(　　)。

A. 临时宿舍的搭设、维修、拆除费用

B. 竣工验收前，对已完成工程及设备采取的必要保护措施所发生的费用

C. 施工需要的各种脚手架搭设的拆除费用

D. 夜间施工时所发生的照明设备摊销费用

52. ★【2021 年甘肃】防暑降温属于(　　)。

A. 人工费　　B. 企业管理费

C. 其他费　　D. 规费

53. ★【2021 年重庆】下列选项中，不属于人工费的是(　　)。

A. 差旅费　　B. 计时工资或计件工资

C. 奖金　　D. 津贴补贴

二、多项选择题（每题的备选项中，有 2 个或 2 个以上符合题意，至少有 1 个错项）

1. 下列费用中，属于建筑安装工程人工费的有(　　)。

A. 生产工人的技能培训费用　　B. 生产工人的流动施工津贴

C. 生产工人的增收节支奖金　　D. 项目管理人员的计时工资

E. 生产工人在法定节假日的加班工资

2. 按照造价形成划分，下列各项中属于措施项目费的有(　　)。

A. 夜间施工增加费　　B. 文明施工费

C. 冬雨期施工增加费　　D. 总承包服务费

E. 劳动保险费

3. 施工机械使用费包括(　　)。

A. 安拆费及场外运费　　B. 安全施工费

C. 机上司机的人工费　　D. 车船使用税费

E. 仪器仪表使用费

4. 按照造价形成划分，建筑安装工程费中的其他项目费包括(　　)。

A. 暂估价　　B. 待摊费

C. 暂列金额　　D. 总承包服务费

E. 计日工

5. 按照造价形成划分的建筑安装工程费用中，暂列金额主要用于(　　)。

A. 施工中可能发生的工程变更的费用

B. 总承包人为配合发包人进行专业工程发包产生的服务费用

C. 施工合同签订时尚未确定的工程设备采购的费用
D. 工程施工中合同约定调整因素出现时工程价款调整的费用
E. 在高海拔特殊地区施工增加的费用

6. 根据《建筑安装工程费用项目组成》，应计入措施项目费的有(　　)。

A. 二次搬运费　　B. 脚手架费
C. 夜间施工增加费　　D. 施工机械检修费
E. 已完工程及设备保护费

7. 根据《建筑安装工程费用项目组成》，下列应计入建筑安装工程材料费的有(　　)。

A. 材料原价　　B. 材料的运输损耗费
C. 库存材料盘亏　　D. 材料运杂费
E. 新型材料试验费

8. 下列属于施工机具使用费的是(　　)。

A. 折旧费　　B. 维护费
C. 燃料动力费　　D. 检验试验费
E. 安拆费

9. 下列属于措施项目费的是(　　)。

A. 文明施工费　　B. 二次搬运费
C. 设备购置费　　D. 企业管理费
E. 脚手架工程费

10. 建筑安装工程费用项目组成中，暂列金额主要用于(　　)。

A. 施工合同签订时尚未确定的材料设备采购费用
B. 施工图纸以外的零星项目所需的费用
C. 隐藏工程二次检验的费用
D. 施工中可能发生的工程变更价款调整的费用
E. 项目施工现场签证确认的费用

11. 按照费用构成要素划分的规定，下列费用项目应列入材料费的有(　　)。

A. 周转材料的摊销，租赁费用
B. 材料运输损耗费用
C. 施工企业对材料进行一般鉴定，检查发生的费用
D. 材料运杂费中的增值税进项税额
E. 材料采购及保管费用

12. 根据《建筑安装工程费用项目组成》，下列费用项目中，属于建筑安装工程企业管理费的有(　　)。

A. 仪器仪表使用　　B. 工具用具使用
C. 建筑安装工程一切险　　D. 地方教育附加费
E. 劳动保险费

13. 根据《建筑安装工程费用项目组成》，下列施工企业发生的费用中，计入企业管理费的是(　　)。

A. 建筑材料、构件一般性鉴定检查费　　B. 支付给企业离休干部的经费

C. 住房公积金
D. 履约担保所发生的费用
E. 施工生产用仪器仪表使用费

14. 施工机械台班单价组成包括(　　)。

A. 预算价格
B. 检修费
C. 维修费
D. 安拆费及场外运输费
E. 燃料动力费

15. 临时设施费用包括(　　)等费用。

A. 临时设施的搭设
B. 照明设施的搭设
C. 临时设施的维修
D. 临时设施的拆除
E. 摊销费

16. 下列费用项目中，应计入人工费的有(　　)。

A. 计件工资
B. 出差补助费
C. 劳动保护费
D. 流动施工津贴
E. 集体福利费

17. 根据《建筑安装工程费用项目组成》，下列费用项目计入人工费的有(　　)。

A. 节约奖
B. 流动施工津贴
C. 高温作业临时津贴
D. 劳动保护费
E. 探亲假期间工资

18. 根据《建筑安装工程费项目组成》，企业管理费中的税金主要包括(　　)。

A. 营业税
B. 房产税
C. 车船使用费
D. 土地使用税
E. 印花税

19. 属于分部分项工程费的是(　　)。

A. 人工费
B. 企业管理费
C. 材料费
D. 利润
E. 规费

20. 根据《建筑安装工程费用项目组成》，下列关于措施项目费用的说法正确的是(　　)。

A. 冬雨期施工费是冬、雨期施工增加的临时设施，防滑处理，雨雪排除等费用
B. 文明施工费是指施工现场安全施工所需要的各项费用
C. 计日工是指在施工过程中施工企业完成施工图纸以外的零星项目所需的费用
D. 脚手架工程费是指施工需要的各种脚手架搭、拆、运输费用以及脚手架购置费的摊销（租赁）费用
E. 已完工程及设备保护费是指分部工程或结构部位验收前，对已完工程及设备采取必要保护措施所发生的费用

21. 根据《建筑安装工程费用项目组成》，下列属于社会保险费的是(　　)。

A. 住房公积金
B. 养老保险费
C. 失业保险费
D. 医疗保险费
E. 工伤保险费

22. 根据《建筑安装工程费用项目组成》，下列属于企业管理费内容的是(　　)。

A. 企业管理人员办公用的文具、纸张等费用

B. 企业施工生产和管理使用的属于固定资产的交通工具的购置、维修费

C. 对建筑以及材料、构件和建筑安装进行特殊鉴定检查所发生的检验试验费

D. 按全部职工工资总额比例计提的工会经费

E. 为施工生产筹集资金、履约担保所发生的财务费用

23. 下列费用中属于企业管理费中检验试验费的是(　　)。

A. 建筑材料一般鉴定、检查所发生的费用

B. 施工机具一般鉴定、检查所发生的费用

C. 构件一般鉴定、检查所发生的费用

D. 建筑物一般鉴定、检查所发生的费用

E. 安装物一般鉴定、检查所发生的费用

24. 下列属于建筑安装工程费企业管理费中税金的是(　　)。

A. 增值税　　B. 教育费附加

C. 土地使用税　　D. 增值税销项税额

E. 消费税

25. 根据《建筑安装工程费用项目组成》，下列各项属于企业管理费的有(　　)。

A. 管理人员工资　　B. 固定资产使用费

C. 工伤保险　　D. 劳动保护费

E. 教育费附加

26. 建筑安装工程材料费包括(　　)。

A. 材料原价　　B. 材料运杂费

C. 采购与保管费　　D. 检验试验费

E. 工程设备

27. 建筑安装工程费按费用构成要素划分为(　　)。

A. 施工机具使用费　　B. 材料费

C. 风险费用　　D. 利润

E. 税金

28. 当一般纳税人采用一般计税方法时，办公费中增值税进项税额的抵扣原则为(　　)。

A. 以销售货物适用的相应税率扣减，购进图书、报纸、杂志适用的税率为 13%

B. 以购进货物适用的相应税率扣减，接受邮政和基础电信服务适用税率为 13%

C. 以购进货物适用的相应税率扣减，接受增值电信服务适用的税率为 3%

D. 以购进货物适用的相应税率扣减，购进图书、报纸、杂志适用的税率为 9%

E. 以购进货物适用的相应税率扣减，接受邮政和基础电信服务适用税率为 9%

29. 在确定计价定额中的利润时，可作为计算基础的是(　　)。

A. 定额人工费

B. 定额材料费

C. 定额人工费与施工机具使用费之和

D. 定额材料费与施工机具使用费之和

E. 定额人工费、施工机具使用费、规费之和

30. ★【2021 年甘肃】材料预算价格由(　　)组成。

A. 材料原价　　B. 材料运杂费

C. 运输损耗费　　D. 采购及保管费

E. 施工损耗

31. ★【2021 年浙江】安全文明施工费的内容(　　)。

A. 环境保护费　　B. 文明施工费

C. 安全施工费　　D. 临时设施费

E. 劳动保护费

答案与解析

一、单项选择题

1. A；2. C；3. A；4. D；5. A；6. C；7. C；8. C；9. D；10. A；
11. A；12. A；13. B；14. A；15. D；16. A；17. D；18. C；19. A；20. D；
21. C；22. D；23. A；24. C；25. B；26. C；27. C；28. D；29. B；30. D；
31. A；32. C；33. B；34. C；35. B；36. C；37. A；38. D；39. D；40. C；
41. C；42. D；43. B；44. A；45. A；46. D；47. D；48. C；49. A；50. D；
51. A；52. B；53. A。

二、多项选择题

1. BCE；2. ABC；3. ACD；4. CDE；5. ACD；6. ABCE；7. ABD；
8. ABCE；9. ABE；10. ADE；11. ABE；12. BDE；13. ABD；14. BCDE；
15. ACDE；16. AD；17. ABCE；18. BCDE；19. ABCD；20. AD；21. BCDE；
22. ADE；23. ACDE；24. BC；25. ABDE；26. ABCE；27. ABDE；28. DE；
29. AC；30. ABCD；31. ABCD。

单选题解析

多选题解析

第 3 节　设备及工器具购置费

一、单项选择题（每题的备选项中，只有 1 个最符合题意）

1. 采用装运港船上交货价的进口设备，估算其购置费时，货价按照(　　)计算。

A. 出厂价　　B. 到岸价

C. 抵岸价　　　　D. 离岸价

2. 某进口设备的离岸价为 20 万美元，到岸价为 22 万美元，人民币与美元的汇率为 8.3∶1，进口关税率为 7%，则该设备的进口关税为(　　)万元人民币。

A. 1.54　　　　B. 2.94

C. 11.62　　　　D. 12.78

3. 进口产品增值税额的计税基数为(　　)。

A. 离岸价×人民币外汇牌价＋进口关税＋消费税

B. 离岸价×人民币外汇牌价＋进口关税＋外贸手续费

C. 到岸价×人民币外汇牌价＋外贸手续费＋银行财务费

D. 到岸价×人民币外汇牌价＋进口关税＋消费税

4. 按人民币计算，某进口设备的离岸价 1000 万元，到岸价 1050 万元，银行财务费 5 万元，外贸手续费费率为 1.5%，则设备的外贸手续费为(　　)万元。

A. 15.00　　　　B. 15.75

C. 16.65　　　　D. 17.33

5. 按人民币计算，某进口设备离岸价为 2000 万元，到岸价为 2100 万元，银行财务费为 10 万元，外贸手续费为 30 万元，进口关税为 147 万元。增值税税率为 9%，不考虑消费税和海关监管手续费，则该设备的抵岸价为(　　)万元。

A. 2551.99　　　　B. 2644.00

C. 2651.99　　　　D. 2489.23

6. 按人民币计算，某进口设备的离岸价为 1000 万元，到岸价为 1050 万元，关税为 105 万元，银行财务费率为 0.5%，则该设备的银行财务费为(　　)万元。

A. 5.00　　　　B. 5.25

C. 5.33　　　　D. 5.78

7. 某采用装运港船上交货价的进口设备，按人民币计算，货价为 1000 万元，国外运费为 90 万元，国外运输保险费为 10 万元，进口关税为 150 万元。则该设备的到岸价为(　　)万元。

A. 1090　　　　B. 1100

C. 1150　　　　D. 1250

8. 编制设计概算时，国产标准设备的原价一般选用(　　)。

A. 不含备件的出厂价　　　　B. 设备制造厂的成本价

C. 带有备件的出厂价　　　　D. 设备制造厂的出厂价加运杂费

9. 某企业拟进口成套机电设备。离岸价折合人民币为 1830 万元，国际运费和国外运输保险费为 22.53 万元，银行手续费为 15 万元，关税税率为 22%，增值税税率为 13%，则该进口设备的增值税为(　　)万元。

A. 362.14　　　　B. 293.81

C. 356.86　　　　D. 296.40

10. 国际贸易双方约定费用划分与风险转移均以货物在装运港被装上指定船只时为分界点，该种交易价格称为(　　)。

A. 离岸价　　　　B. 运费在内价

C. 到岸价　　D. 抵岸价

11. 关于国产设备运杂费估算的说法，正确的是(　　)。

A. 国产设备运杂费包括由设备制造厂交货地点运至工地仓库所发生的运费

B. 国产设备运至工地后发生的装卸费不应包括在运杂费中

C. 运杂费在计算时不区分沿海和内陆，统一按运输距离估算

D. 工程承包公司采购设备的相关费用不应计入运杂费

12. 关于进口设备到岸价的构成及计算，下列公式正确的是(　　)。

A. 到岸价＝离岸价＋运输保险费

B. 到岸价＝离岸价＋进口从属费

C. 到岸价＝运费在内价＋运输保险费

D. 到岸价＝运输在内费＋进口从属费

13. 某进口设备到岸价为 1500 万元，银行财务费，外贸手续费合计 36 万元。关税 300 万元，消费税和增值税税率分别为 10%、13%，则该进口设备原价为(　　)万元。

A. 2386.8　　B. 2296.0

C. 2362.0　　D. 2352.6

14. 进口设备的原价是指进口设备的(　　)。

A. 到岸价　　B. 抵岸价

C. 离岸价　　D. 运费在内价

15. 某批进口设备离岸价格为 1000 万元人民币，国际运费为 100 万元人民币，运输保险费费率为 1%。则该批设备运输保险费应为(　　)万元人民币。

A. 11.00　　B. 111.00

C. 11.01　　D. 11.11

16. 已知某进口设备到岸价格为 80 万美元，进口关税税率为 15%，增值税税率为 13%，银行外汇牌价为 1 美元＝6.30 元人民币。按以上条件计算的进口环节增值税额是(　　)万元人民币。

A. 72.83　　B. 85.68

C. 75.35　　D. 118.71

17. 下列费用项目中，属于工器具及生产家具购置费计算内容的是(　　)。

A. 未达到固定资产标准的设备购置费

B. 达到固定资产标准的设备购置费

C. 引进设备时备品备件的测绘费

D. 引进设备的专利使用费

18. 下列关于进口设备原价的构成及其计算，说法正确的是(　　)。

A. 进口设备原价是指进口设备的到岸价

B. 进口设备到岸价由离岸价和进口从属费构成

C. 关税完税价格由离岸价＋国际运费＋国际运输保险费组成

D. 关税不作为进口环节增值税计税价格的组成部分

19. 国产设备原价一般是指(　　)。

A. 设备预算价格　　B. 设备制造厂交货价

C. 出厂价与运费、装卸费之和　　D. 设备购置费

20. 未达到固定资产标准的工器具购置费的计算基数一般为(　　)。

A. 工程建设其他费　　B. 建设安装工程费

C. 设备购置费　　D. 设备及安装工程费

21. 下列项目中属于设备运杂费中运费和装卸费的是(　　)。

A. 国产设备由设备制造厂交货地点起至工地仓库止所发生的运费

B. 进口设备由设备制造厂交货地点起至工地仓库止所发生的运费

C. 为运输而进行的包装支出的各种费用

D. 进口设备由设备制造厂交货地点起至施工组织设计指定的设备堆放地点止所发生的运费

22. 已知某进口工程设备 *FOB* 为 50 万美元，美元与人民币汇率为 1∶8，银行财务费率为 0.2%，外贸手续费率为 1.5%，关税税率为 10%，增值税为 17%。若该进口设备抵岸价为 586.7 万元人民币，则该进口工程设备到岸价为(　　)万元人民币。

A. 406.8　　B. 450.0

C. 456.0　　D. 586.7

23. 进口设备的原价是指进口设备的(　　)。

A. 到岸价　　B. 抵岸价

C. 离岸价　　D. 运费在内价

24. 已知进口设备货价为 500 万美元，美元与人民币的汇率为 1∶6.2，国际运费率为 10%，运输保险费率为 5%，银行财务费率为 0.5%，则该进口设备的银行财务费为(　　)万元人民币。

A. 17.95　　B. 15.50

C. 17.05　　D. 17.90

25. 在计算进口设备原价时，下列各项费用中应采用到岸价作为计算基数的是(　　)。

A. 消费税　　B. 车辆购置税

C. 关税　　D. 银行财务费

26. 某进口设备，按人民币计算的离岸价为 200 万元到岸价为 250 万元，进口关税率为 10%，增值税率为 17%，无消费税。该进口设备应纳的增值税额为(　　)万元。

A. 34.00　　B. 37.40

C. 42.50　　D. 46.75

27. 国产非标准设备原价的确定可采用(　　)等方法。

A. 概算指标法和定额估价法　　B. 成本计算估价法和概算指标法

C. 分部组合估价法和百分比法　　D. 成本计算估价法和分部组合估价法

28. 某进口设备通过海洋运输，到岸价为 972 万元，国际运费 88 万元，海上运输保险费率 3%，则离岸价为(　　)万元。

A. 854.84　　B. 883.74

C. 1063.18　　D. 1091.90

29. 已知某进口设备，在进口环节中缴纳的关税为 35 万元，若该进口设备适用的关税税率为 18%，增值税率为 13%，则应缴纳的增值税为(　　)万元。

A. 29. 17　　B. 34. 31

C. 29. 83　　D. 40. 49

30. ★【2019 年陕西】计算建设项目的设备及工器具购置费时，进口设备的原价是指其(　　)。

A. 抵岸价　　B. 离岸价

C. 运费在内价　　D. 到岸价

31. ★【2019 年陕西】下列设备进口从属费中，仅对部分进口设备征收的是(　　)。

A. 增值税　　B. 消费税

C. 银行财务费　　D. 外贸手续费

32. ★【2019 年陕西】改建项目生产准备费的计算基数是(　　)。

A. 建安工程费用　　B. 全部设计定员

C. 设备及工器具购置费　　D. 新增设计定员

33. ★【2020 年湖北】某进口设备货价 67000 元，采用海洋运输，国际运费 3350 元，运输保险费率 5%，则该设备运输保险费(　　)元。

A. 351. 75　　B. 353. 52

C. 3517. 50　　D. 3702. 63

34. ★【2021 年北京】一般是指在国际贸易结算中，中国银行为进出口商提供金融结算服务收费的费用称为(　　)。

A. 外贸手续费　　B. 银行财务费

C. 国际运费　　D. 运输保险费

35. ★【2021 年陕西】一进口设备离岸价 2000 万元，国际运费 200 万元，运输保险率 1%，问该设备关税完税价是(　　)万元。

A. 2000　　B. 2200

C. 2222. 22　　D. 2178

二、多项选择题（每题的备选项中，有 2 个或 2 个以上符合题意，至少有 1 个错项）

1. 估算设备工器具购置费时，国产标准设备运杂费的构成包括(　　)。

A. 交货地点至工地仓库的运费和装卸费

B. 设备出厂价格中未包含的包装材料费

C. 供销部门手续费

D. 采购与仓库保管费

E. 设备进场费

2. 某建设工程项目购置的进口设备采用装运港船上交货价，属于买方责任的是(　　)。

A. 负责租船、支付运费，并将船期、船名通知卖方

B. 按照合同约定在规定的期限内将货物装上船只

C. 办理在目的港的进口和收货手续

D. 接受卖方提供的装运单据并按合同约定支付货款

E. 承担货物装船前的一切费用和风险

3. 构成进口设备原价的费用计算中，应以到岸价为计算基数的是(　　)。

A. 国际运费　　B. 进口环节增值税

C. 银行财务费　　D. 外贸手续费

E. 进口关税

4. 计算设备进口环节增值税时，作为计算基数的计税价格包括(　　)。

A. 外贸手续费　　B. 关税完税价格

C. 设备运杂费　　D. 关税

E. 消费税

5. 下列费用中应计入设备运杂费的有(　　)。

A. 设备保管人员的工资

B. 设备采购人员的工资

C. 设备自生产厂家运至工地仓库的运费、装卸费

D. 运输中的设备包装支出

E. 设备仓库所占用的固定资产使用费

6. 关于设备运杂费的构成及计算的说法，正确的是(　　)。

A. 运费和装卸费是由设备制造厂交货地点至施工安装作业面所发生的费用

B. 进口设备运杂费是由我国到岸港口或边境车站至工地仓库所发生的费用

C. 原价中没有包含的、为运输而进行包装所支出的各种费用应计入包装费

D. 采购与仓库保管费不含采购人员和管理人员的工资

E. 设备运杂费为设备原价与设备运杂费率的乘积

7. 进口设备的交货类型分为(　　)。

A. 海上交货类　　B. 内陆交货类

C. 目的地交货类　　D. 装运港交货类

E. 生产地交货类

8. 某建设工程项目需从国外进口设备，应计入该设备运杂费的是(　　)。

A. 设备安装前在工地仓库的保管费　　B. 国外运费

C. 建设单位的采购与仓库保管费　　D. 国外运输保险费

E. 按规定交纳的增值税

9. 设备购置费由(　　)构成。

A. 设备原价　　B. 采购保管费

C. 设备到岸价　　D. 设备安装费

E. 设备运杂费

10. 下列费用项目中，应计入进口材料运杂费的是(　　)。

A. 国际运费　　B. 设备供销部门的手续费

C. 国际运输保险费　　D. 采购与仓库保管费

E. 进口环节增值税

11. 设备运杂费包括(　　)。

A. 运费和装卸费　　B. 包装费

C. 设备供销部门手续费　　D. 采购保管费

E. 设备增值税

12. 下列进口从属费用中，以“到岸价＋关税＋消费税”为基数，乘以各自给定费（税）率进行计算的有(　　)。

A. 进口环节增值税　　B. 关税

C. 银行财务费　　D. 外贸手续费

E. 车辆购置税

13. 在国产非标准设备原价计算时，常用的计算方法包括(　　)。

A. 系列设备插入估价法　　B. 实物量法

C. 分部组合估价法　　D. 定额估价法

E. 比例估算法

14. 下列有关进口设备原价的构成与计算中，说法正确的是(　　)。

A. 运输保险费＝*CIF*×保险费率

B. 消费税＝(*CIF*＋关税＋消费税)×消费税税率

C. 银行财务费＝*CIF*×银行财务费率

D. 关税＝关税的完税价格×关税税率

E. 增值税＝[（*CIF*＋关税)/(1－消费税税率)]×增值税税率

15. 国际贸易中，较为广泛使用的交易价格术语有(　　)。

A. *IRR*　　B. *FOB*

C. *CFR*　　D. *NPV*

E. *CIF*

16. ★【2020 年重庆】设备购置费应包括(　　)。

A. 原价　　B. 运杂费

C. 材料试验费　　D. 单机试车费

E. 办公和生活家具购置费

17. ★【2019 年陕西】国产非标准设备原价的常用计算方法有(　　)。

A. 定额估价法　　B. 查询对比估价法

C. 成本计算估价法　　D. 分部组合估价法

E. 系列设备插入估价法

答案与解析

一、单项选择题

1. D；2. D；3. D；4. B；5. D；6. A；7. B；8. C；9. B；10. A；
11. A；12. C；13. B；14. B；15. D；16. C；17. A；18. C；19. B；20. C；
21. A；22. B；23. B；24. B；25. C；26. D；27. D；28. A；29. C；30. A；
31. B；32. D ；33. D；34. B ；35. C。

二、多项选择题

1. ABCD；2. ACD；3. DE；4. BDE；5. ABDE；6. CE；7. BCD；
8. AC；9. AE；10. BD；11. ABCD；12. AE；13. ACD；14. ABDE；

15. BCE；　16. AB；　17. ACDE。

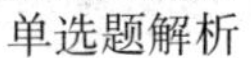
单选题解析

多选题解析

第 4 节　工程建设其他费用

一、单项选择题（每题的备选项中，只有 1 个最符合题意）

1. 下列建设工程项目相关费用中，属于工程建设其他费用的是(　　)。

A. 专项评价费　　B. 建筑安装工程费

C. 设备及工器具购置费　　D. 预备费

2. 下列关于工程建设其他费用中场地准备费和临时设施费的说法，正确的是(　　)。

A. 场地准备费是由承包人组织进行场地平整等准备工作而发生的费用

B. 临时设施费是承包人为满足工程建设需要搭建临时建筑物的费用

C. 新建项目的场地准备费和临时设施费应根据实际工程量估算或按工程费用比例计算

D. 场地准备费和临时设施费应考虑大型土石方工程费用

3. 下列关于联合试运转费的说法，正确的是(　　)。

A. 试运转收入大于费用支出的工程，不列此项费用

B. 联合试运转费应包括设备安装时的调试和试车费用

C. 试运转费用支出大于试运转收入的工程，不列此项费用

D. 试运转中因设备缺陷发生的处理费用应计入联合试运转费

4. 下列费用中，可计入联合试运转费的是(　　)。

A. 单台设备安装时的调试费

B. 支付给参加试运转专家的指导费

C. 试运转收入大于费用支出的工程

D. 建设单位招募试运转的生产工人发生的招聘费用

5. 下列关于建设项目场地准备和建设单位临时设施费计算的说法，正确的是(　　)。

A. 改扩建项目一般应计工程费用和拆除清理费

B. 凡可回收材料的拆除工程应采用以料抵工方式冲抵拆除清理费

C. 新建项目应根据实际工程量计算，不按工程费用的比例计算

D. 新建项目应按工程费用比例计算，不根据实际工程量计算

6. 下列与建设用地有关的费用中，归农村集体经济组织所有的是(　　)。

A. 土地补偿费　　B. 青苗补偿费

C. 拆迁补偿费　　D. 新菜地开发建设基金

7. 下列关于土地征用及迁移补偿费的说法，正确的是(　　)。

A. 征用耕地补偿费标准为该地被征用前三年，平均年产值的 4～6 倍

B. 征用尚未开发的规划菜地，不缴纳新菜地开发建设基金
C. 地上附着物及青苗补偿费归农村集体所有
D. 被征用耕地的安置补助费最高不超过被征用前三年平均年产值的 30 倍

8. 采用工程总承包方式发包的工程，其工程总承包管理费应从(　　)中支出。

A. 建设管理费　　B. 建设单位管理费
C. 建筑安装工程费　　D. 基本预备费

9. 下列关于工程建设其他费用的说法，正确的是(　　)。

A. 建设单位管理费一般按建筑安装工程费乘以相应费率计算
B. 研究实验费包括新产品试制费
C. 改扩建项目的场地准备及临时设施费一般只计拆除清理费
D. 可行性研究费企业自主定价

10. 下列费用项目中，应在研究试验费中列支的是(　　)。

A. 为验证设计数据而进行必要的研究试验所需的费用
B. 新产品试验费
C. 施工企业技术革新的研究试验费
D. 设计模型制作费

11. 下列费用项目中，属于工程建设其他费中研究试验费的是(　　)。

A. 新产品试制费
B. 勘察设计费
C. 特殊设备安全监督检验费
D. 委托专业机构验证设计参数而发生的验证费

12. 下列费用项目中，属于联合试运转费中试运转支出的是(　　)。

A. 施工单位参加试运转人员的工资
B. 单台设备的单机试运转费
C. 试运转中暴露出来的施工缺陷处理费用
D. 试运转中暴露出来的设备缺陷处理费用

13. 下列费用项目中，属于生产准备费的是(　　)。

A. 人员培训费　　B. 竣工验收费
C. 联合试运转费　　D. 业务招待费

14. 下列关于联合试运转费的说法，正确的是(　　)。

A. 包括对整个生产线或装置运行无负荷和有负荷试运转所发生的费用
B. 包括施工单位参加试运转人员的工资及专家指导费
C. 包括试运转中暴露的因设备缺陷发生的处理费用
D. 包括对单台设备进行单机试运转工作的调试费

15. 下列费用项目中，应计入工程建设其他费中专利及专有技术使用费的是(　　)。

A. 专利及专有技术在项目全寿命期的使用费
B. 在生产期支付的商标权费
C. 保险费
D. 国外设计资料费

16. 根据现行建设项目总投资及工程造价的构成，下列有关建设项目费用开支，应列入建设单位管理费的是(　　)。

A. 监理费　　B. 竣工验收费

C. 可行性研究费　　D. 节能评估费

17. 下列费用项目中，应计入工程建设其他费中专利及专有技术使用费的是(　　)。

A. 工程保险费　　B. 可行性研究费

C. 国内设计资料费　　D. 特许经营权费

18. 下列费用项目中，不属于建设单位管理费的是(　　)。

A. 工作人员工资　　B. 业务招待费

C. 劳动保护费　　D. 工程监理费

19. 关于工程建设其他费用中场地准备及临时设施费的内容，下列说法正确的是(　　)。

A. 施工现场临时供水管道的费用计入建设单位临时设施费

B. 建设单位临时设施费不包括已列入建筑安装工程费用中的施工单位临时设施费用

C. 新建和改扩建项目的场地准备和临时设施费可按工程费用的比例计算

D. 建设场地的大型土石方工程计入场地准备费

20. 建设单位管理费通常按照(　　)乘以相应的费率计算。

A. 工程费用　　B. 设备购置费

C. 设备、工器具购置费　　D. 建筑安装工程费

21. 在工程建设其他费用中，研究试验费应包括(　　)。

A. 自行或委托其他部门研究使用所需的仪器使用费

B. 新产品试制费

C. 中间试验费

D. 重要科学研究补助费

22. 下列费用项目中，不属于与项目建设有关的其他费用中研究试验费的是(　　)。

A. 技术革新的研究试验费

B. 为项目提供设计数据所进行的试验费

C. 为项目验证设计数据所进行的试验费

D. 委托其他部门研究试验所需的费用

23. 编制和评审可研报告的费用属于(　　)。

A. 勘察设计费　　B. 研究试验费

C. 可行性研究费　　D. 建设管理费

24. ★【2019 年陕西】对项目中新结构、新材料试验费的计列方式是(　　)。

A. 计入建安工程费用中的材料费

B. 计入建安工程费用中的企业管理费

C. 由建设单位在工程建设其他费用中列支

D. 由施工单位在索赔费用中列支

25. ★【2020 年陕西】下列工程建设其他费用的内容中，属于第三类“与未来生产经营有关的其他费用”的是(　　)。

A. 场地准备及临时设施费

B. 引进项目图纸资料翻译复制费

C. 专利及专有技术使用费

D. 节能评估及评审费

26. ★【2021年重庆】建设项目的勘察费属于(　　)。

A. 专项评价费　　B. 建设管理费

C. 场地准备及临时设施费　　D. 工程建设其他费用

二、多项选择题

(每题的备选项中，有2个或2个以上符合题意，至少有1个错项)

1. 建设项目投资组成中，建设管理费包括(　　)。

A. 工程勘察费　　B. 工程监理费

C. 工程设计费　　D. 施工管理费

E. 建设单位管理费

2. 下列关于建设项目场地准备及临时设施费的说法，正确的是(　　)。

A. 扩建项目的场地准备及临时设施费一般只计拆除清理费

B. 场地准备及临时设施费包括建设场地的大型土石方工程费

C. 新建项目的场地准备及临时设施费可根据实际工程量估算

D. 场地准备及临时设施费包括建设单位临时设施费和施工单位临时设施费

E. 场地准备及临时设施费属于建筑工程安装费用

3. 下列建设项目投资中，属于工程建设其他费用的是(　　)。

A. 建设用地费　　B. 建设管理费

C. 建筑安装工程费　　D. 流动资金

E. 生产准备费

4. 建设工程项目总投资组成中，工程建设其他费包括(　　)。

A. 失业保险费　　B. 工程监理费

C. 研究试验费　　D. 生活家具购置费

E. 生产家具购置费

5. 下列关于联合试运转费的说法，正确的是(　　)。

A. 联合试运转费包括试运转中暴露出来的因施工原因发生的处理费用

B. 不发生试运转或试运转收入大于费用支出的工程，不列入联合试运转费

C. 当联合试运转收入小于试运转支出时，联合试运转费＝联合试运转费用支出－联合试运转收入

D. 联合试运转支出包括施工单位参加试运转的人员工资以及专家指导费

E. 联合试运转费包括由设备安装工程费用开支的调试及试车费用

6. 下列建设工程投资费用中，属于工程建设其他费用中的场地准备及临时设施费的是(　　)。

A. 施工单位场地平整费　　B. 建设单位临时设施费

C. 环境影响评价费　　D. 遗留设施拆除清理费

E. 施工单位临时设施费

7. 下列与项目建设有关的其他费用中，属于建设管理费的是(　　)。

A. 建设单位管理费　　B. 引进技术和引进设备其他费

C. 工程监理费　　D. 场地准备费

E. 工程总承包管理费

8. 下列属于与项目建设有关的其他建设费用的是(　　)。

A. 建设单位管理费　　B. 工程监理费

C. 建设单位临时设施费　　D. 施工单位临时设施费

E. 市政公用设施费

9. 下列关于工程建设其他费中的场地准备及临时设施费的说法，正确的是(　　)。

A. 场地准备费是由建设单位组织进行的场地平整等准备工作而发生的费用

B. 其中的大型土石方工程应进入工程费中的总图运输费

C. 新建项目的场地准备和临时设施费应根据实际工程中估算

D. 场地准备和临时设施费 =工程费用×费率+拆除清理费

E. 委托施工单位修建临时设施时应计入施工单位措施费中

10. 下列关于生产准备费的说法，正确的是(　　)。

A. 包括自行组织培训和委托其他单位培训的相关费用

B. 包括人员培训费及提前进厂费

C. 包括职工福利费

D. 不包括学习资料费

E. 可按设计定员乘以人均生产准备费指标计算

11. 新建项目或新增加生产能力的工程，在计算联合试运转费时需考虑的费用支出项目有(　　)。

A. 试运转所需原材料、燃料费　　B. 施工单位参加试运转人员工资

C. 专家指导费　　D. 设备质量缺陷发生的处理费

E. 施工缺陷带来的安装工程返工费

12. 下列建设用地取得费用中，属于征地补偿费的有(　　)

A. 土地补偿费　　B. 安置补助费

C. 搬迁补助　　D. 土地管理费

E. 土地转让金

13. 下列属于工程建设其他费用中专项评价费的是(　　)。

A. 可行性研究费　　B. 勘察设计费

C. 安全预评价费　　D. 水土保持评价费

E. 地震安全性评价费

14. 下列属于工程建设其他费中研究试验费的有(　　)。

A. 新产品试制费

B. 水文地质勘察费

C. 特殊设备安全监督检验费

D. 委托专业机构验证设计参数而发生的验证费

E. 自行验证设计数据发生的人工费

15. 下列应在建设单位管理费中列支的项目是(　　)。

A. 基本预备费　　B. 业务招待费

C. 勘察设计费　　D. 竣工验收费

E. 总承包服务费

16. 下列属于生产准备费的是(　　)。

A. 人员培训费　　B. 提前进厂费

C. 生产家具购置费　　D. 备品备件费

E. 业务招待费

答案与解析

一、单项选择题

1. A；　2. C；　3. A；　4. B；　5. B；　6. A；　7. B；　8. A；　9. C；　10. A；
11. D；　12. A；　13. A；　14. B；　15. D；　16. B；　17. D；　18. D；　19. B；　20. A；
21. A；　22. A；　23. C；　24. C；　25. C；　26. D。

二、多项选择题

1. BE；　2. AC；　3. ABE；　4. BCD；　5. BCD；　6. BD；　7. ACE；
8. ABCE；9. ABCD；　10. ABCE；11. ABC；　12. ABD；　13. CDE；　14. DE；
15. BD；　16. AB。

单选题解析

多选题解析

第5节　预备费和建设期利息

一、单项选择题（每题的备选项中，只有1个最符合题意）

1. 某工程的设备及工器具购置费为1000万元，建筑安装工程费为1300万元，工程建设其他费为600万元，基本预备费率为5%。该项目的基本预备费为(　　)万元。

A. 80　　B. 95

C. 115　　D. 145

2. 某项目的设备及工器具购置费2000万元，建筑安装工程费800万元，工程建设其他费200万元，基本预备费费率6%，则该项目的基本预备费为(　　)万元。

A. 100　　B. 110

C. 140　　D. 180

3. 某建设项目设备及工器具购置费为600万元，建筑安装工程费为1200万元，工程建设其他费为100万元，建设期贷款利息为20万元，基本预备费率为10%，则该项目基

本预备费为(　　)万元。

A. 120　　B. 180

C. 182　　D. 190

4. 编制建设项目投资估算时，考虑项目在实施中可能会发生变更增加工程量，投资计划中需要事先预留的费用是(　　)。

A. 涨价预备费　　B. 铺底流动资金

C. 基本预备费　　D. 工程建设其他费用

5. 在建设工程项目总投资组成中的基本预备费主要是(　　)。

A. 建设期内材料价格上涨增加的费用

B. 因施工质量不合格返工增加的费用

C. 设计变更增加工程量的费用

D. 因业主方拖欠工程款增加的承包商贷款利息

6. 某建设项目建筑安装工程费为 6000 万元，设备购置费为 1000 万元，工程建设其他费用为 2000 万元，建设期利息为 500 万元。若基本预备费费率为 5%，则该建设项目的基本预备费为(　　)万元。

A. 350　　B. 400

C. 450　　D. 475

7. 为保证工程项目顺利实施，避免在难以预料的情况下造成投资不足而预先安排的费用是(　　)。

A. 流动资金　　B. 建设期利息

C. 预备费　　D. 其他资产费用

8. 某建设项目建安工程费为 1500 万元，设备购置费 400 万元，工程建设其他费 300 万元，已知基本预备费率为 5%，项目建设前期年限为 0.5 年，建设期为 2 年，每年完成投资的 50%，年均投资价格上涨率为 7%，则该项目的预备费为(　　)万元。

A. 273.11　　B. 336.23

C. 346.39　　D. 358.21

9. 某建设项目工程费用 5000 万元，工程建设其他费用 1000 万元。基本预备费率为 8%，年均投资价格上涨率 5%，建设期两年，计划每年完成投资 50%，则该项目建设期第二年价差预备费应为(　　)万元。

A. 160.02　　B. 227.79

C. 246.01　　D. 326.02

10. 某建设项目静态投资 20000 万元，项目建设前期年限为 1 年，建设期为 2 年，计划每年完成投资 50%，年均投资价格上涨率为 5%，该项目建设期价差预备费为(　　)万元。

A. 1006.25　　B. 1525.00

C. 2056.56　　D. 2601.25

11. 某项目建设期为 2 年，第 1 年贷款 4000 万元，第 2 年贷款 2000 万元，贷款年利率 10%，贷款在年内均衡发放，建设期内只计息不付息。该项目第 2 年的建设期利息为(　　)万元。

A. 200　　B. 500

C. 520　　D. 600

12. 某建设项目静态投资为10000万元，项目建设前期年限为1年，建设期为2年，第1年完成投资40%，第2年完成投资60%。在年平均价格上涨率为6%的情况下，该项目价差预备费应为(　　)万元。

A. 666.3　　B. 981.6

C. 1306.2　　D. 1640.5

13. 某项目建设期为2年，第1年贷款3000万元，第2年贷款2000万元，贷款年内均衡发放，年利率为8%，建设期内只计息不付息。该项目建设期利息为(　　)万元。

A. 366.4　　B. 449.6

C. 572.8　　D. 659.2

14. 某建设项目建设期为2年，建设期内第1年贷款400万元，第2年贷款500万元，贷款在年内均衡发放，年利率为10%。建设期内只计息不支付，则该项目建设期贷款利息为(　　)万元。

A. 85.0　　B. 85.9

C. 87.0　　D. 109.0

15. 某建设项目建设期为3年，各年分别获得贷款2000万元、4000万元和2000万元，贷款分年度均衡发放，年利率为6%，建设期利息只计息不支付，则建设期第2年应计贷款利息为(　　)万元。

A. 120.0　　B. 240.0

C. 243.6　　D. 367.2

16. 某项目共需要贷款资金900万元，建设期为3年，按年度均衡筹资，第1年贷款为300万元，第2年贷款为400万元，建设期内只计利息但不支付，年利率为10%，则第2年的建设期利息应为(　　)万元。

A. 50.0　　B. 51.5

C. 71.5　　D. 86.65

17. 在我国建设项目投资构成中，利率、汇率调整的费用属于(　　)。

A. 价差预备费　　B. 基本预备费

C. 工程建设费　　D. 建筑安装工程费

18. 已知某项目建筑安装工程费为2000万元，设备购置费3000万元，工程建设其他费1000万元，若基本预备费费率为10%，项目建设前期为2年，建设期为3年，各年投资计划额为：第1年完成投资20%，其余投资在后两年平均投入，年均价格上涨率为5%，则该项目建设期间价差预备费为(　　)万元。

A. 575.53　　B. 648.18

C. 752.73　　D. 1311.02

19. 已知某建设项目设备购置费为2000万元，建筑安装工程费为800万元，工程建设其他费用为1500万元，基本预备费率为15%，则该建设项目基本预备费额为(　　)万元。

A. 300　　B. 420

C. 645　　D. 120

20. 已知某项目设备及工、器具购置费为 1000 万元，建筑安装工程费 1200 万元，工程建设其他费用 500 万元，基本预备费 200 万元，涨价预备费 300 万元，建设期贷款利息 150 万元，项目正常生产年份流动资产平均占用额为 350 万元，流动负债平均占用额为 280 万元，则该建设项目静态投资(　　)万元。

A. 3200　　B. 3000

C. 3250　　D. 2900

21. 某建设项目，建设期为 3 年，分年均衡进行贷款，第 1 年贷款 500 万元，第 2 年贷款 1000 万元，第 3 年贷款 300 万元，年利率为 10%，建设期内利息只计息不支付，则该项目建设期利息为(　　)万元。

A. 25　　B. 102.5

C. 177.75　　D. 305.25

22. 某新建项目，建设期为 2 年，分年均衡进行贷款，第 1 年贷款 500 万元，第 2 年贷款 800 万元，年利率为 10%，建设期内利息只计息不支付，则第 2 年的建设期利息为(　　)万元。

A. 145　　B. 130

C. 80　　D. 92.5

23. ★【2020 年重庆】下列费用项目中，属于建筑安装工程企业管理费的是(　　)。

A. 养老保险费　　B. 管理人员工资

C. 医疗保险费　　D. 住房公积金

24. ★【2020 年浙江】当初步设计提出的总概算超过可行性研究报告总投资的(　　)以上或其他主要指标需变更时，应说明原因和计算依据，并重新向原审批单位报批可行性研究报告。

A. 5%　　B. 10%

C. 15%　　D. 20%

25. ★【2020 年浙江】①设计概算②中标价③施工图预算④结算价⑤合同价，最终形成建设工程的实际造价，形成顺序为(　　)。

A. ①→②→③→④→⑤　　B. ②→③→①→④→⑤

C. ②→①→③→⑤→④　　D. ①→③→②→⑤→④

26. ★【2020 年浙江】属于安全文明施工费的是(　　)。

A. 临时宿舍的搭设、维修、拆除费用

B. 竣工验收前，对已完成工程及设备采取的必要保护措施所发生的费用

C. 施工需要的各种脚手架搭设的拆除费用

D. 夜间施工时所发生的照明设备摊销费用

27. ★【2020 年浙江】下列费用中(　　)不属于规费。

A. 养老保险费　　B. 劳动保险费

C. 失业保险费　　D. 医疗保险费

28. ★【2020 年陕西】某新建项目的建设期为 2 年，分年度进行贷款。第一年贷款 400 万元，第二年贷款 800 万元，年利率为 6%建设期内利息只计息不支付。建设期第二

年的贷款利息为(　　)万元。

A. 72.72　　B. 48.72

C. 72.00　　D. 48.00

29. ★【2021年甘肃】建筑安装工程费4800万元，工程建设其他费1200万元，建设期利息300万元，基本预备费费率5%，则基本预备费(　　)万元。

A. 200　　B. 240

C. 300　　D. 315

二、多项选择题（每题的备选项中，有2个或2个以上符合题意，至少有1个错项）

1. 预备费包括基本预备费和价差预备费，其中价差预备费的计算应是(　　)。

A. 采用单利方法

B. 采用复利方法

C. 以编制年费的静态投资额为基数

D. 以工程费用为基数

E. 以估算年份价格水平的投资额为基数

2. 根据我国现行规定，下列关于预备费的说法，正确的是(　　)。

A. 基本预备费以工程费用为计算基数

B. 基本预备费主要指设计变更及施工过程中可能增加工程量的费用

C. 预备费包括基本预备费和价差预备费

D. 价差预备费采用单利方法计算

E. 价差预备费不包括利率、汇率调整增加的费用

3. 预备费是投资估算和设计概算编制时无法预计的实际需发生的费用，包括(　　)。

A. 基本预备费　　B. 固定预备费

C. 可变预备费　　D. 价差预备费

E. 估算预备费

4. 下列费用中属于价差预备费的是(　　)。

A. 竣工验收时为鉴定工程质量，对隐蔽工程进行必要的挖掘和修复费用

B. 人工、设备、材料、施工机具的价差费

C. 建筑安装工程费及工程建设其他费用调整

D. 建设管理费，可行性研究费，专项评价费，引进设备费

E. 利率、汇率调整等增加的费用

5. 关于建设期利息计算公式 $Q_j=(P_{j-1}+A_j/2)\times i$ 的应用，下列说法正确的是(　　)。

A. i 是贷款年利率

B. P_{j-1} 为第$(j-1)$年年初累计贷款本金和利息之和

C. 按贷款在年中发放和支用考虑

D. n 是建设期月份数

E. A_j 是建设期第 j 年贷款金额

6. 【2020年陕西】工程造价中基本预备费的计取基数包括(　　)。

A. 工程费用　　B. 建设期贷款利息
C. 工程建设其他费用　　D. 工程结算费用
E. 担保费用

答案与解析

一、单项选择题

1. D；2. D；3. D；4. C；5. C；6. C；7. C；8. D；9. C；10. C；
11. C；12. C；13. B；14. C；15. C；16. B；17. A；18. D；19. C；20. D；
21. D；22. D；23. B；24. B；25. D；26. A；27. B；28. B；29. C。

二、多项选择题

1. BE；2. BC；3. AD；4. BCE；5. AE；6. AC。

单选题解析

多选题解析

第4章　工程计价方法及依据

第1节　工程计价原理

一、单项选择题（每题的备选项中，只有1个最符合题意）

1. 反映完成一定计量单位合格扩大结构构件需要消耗的人工、材料和施工机械台班的数量的定额是(　　)。

A. 概算指标　　B. 概算定额

C. 预算定额　　D. 施工定额

2. 根据《建设工程工程量清单计价规范》GB 50500—2013，下列费用项目属于综合单价中的是(　　)。

A. 施工机具使用费　　B. 专业工程暂估价

C. 暂列金额　　D. 计日工费

3. 工程计量工作包括工程项目的划分和工程量的计算，下列关于工程计量工作的说法正确的是(　　)。

A. 项目划分须按预算定额规定的定额子项进行

B. 通过项目划分确定单位工程基本构造单位

C. 工程量的计算须按工程量清单计算规范的规则进行计算

D. 工程量的计算应依据施工图设计文件，不应依据施工组织设计文件

4. 下列关于工程计价的说法，正确的是(　　)。

A. 工程计价包含计算工程量和套定额两个环节

B. 建筑安装工程费＝基本构造单元工程量×相应单价

C. 工程组价包括工程单价的确定和总价的计算

D. 工程计价中的工程单价仅指综合单价

5. 根据工程造价计价的环节划分，确定单位工程，基本构造单元属于(　　)工作。

A. 工程计价　　B. 工程计量

C. 工程单价的确定　　D. 工程造价的计算

6. 关于工程造价的分部组合计价原理，下列说法正确的是(　　)。

A. 分部分项工程费＝基本构造单元工程量×工料单价

B. 工料单价指人工、材料和施工机械台班单价

C. 基本构造单元是由分部工程适当组合形成

D. 工程总价是按规定程序和方法逐级汇总形成的工程造价

7. 当利用函数关系对拟建项目的造价进行类比匡算时，通常基于的变量是(　　)。

A. 某个表明设计能力或者形体尺寸的变量

B. 某个表明设计能力或者资源消耗的变量

C. 某个表明资源消耗或者形体尺寸的变量

D. 某个表明资源消耗或者型号规格的变量

二、多项选择题（每题的备选项中，有 2 个或 2 个以上符合题意，至少有 1 个错项）

1. 根据《建设工程工程量清单计价规范》GB 50500—2013，分部分项工程综合单价包括了相应的(　　)。

A. 管理费　　B. 利润

C. 税金　　D. 措施项目费

E. 规费

2. 工程造价的计价可分为工程计量和工程组价两个环节，其中工程组价包括(　　)。

A. 工程单价的确定　　B. 总价的计算

C. 定额计价　　D. 工程量清单计价

E. 合同价格的管理

答案与解析

一、单项选择题

1. B；　2. A；　3. B；　4. C；　5. B；　6. D；　7. A。

二、多项选择题

1. AB；　2. AB。

答案与解析

第 2 节　工程计价依据及作用

一、单项选择题（每题的备选项中，只有 1 个最符合题意）

1. 某施工企业购入一台施工机械，原价 60000 元，预计残值率 3%，使用年限 8 年，按平均年限法计提折旧，该设备每年应计提的折旧费应为(　　)元。

A. 5820　　B. 7275

C. 6000　　D. 7500

2. 某施工企业购买一台新型挖土机械，价格为 50 万元，预计使用寿命为 2000 台班，预计净残值为购买价格的 3%，若按工作量法折旧，该机械每工作台班折旧费应为(　　)元。

A. 242.50　　B. 237.50

C. 250.00　　D. 257.70

3. 施工定额研究的对象是(　　)。

A. 工序　　B. 整个建筑物

C. 扩大的分部分项工程　　D. 分部分项工程

4. 以建筑物或构筑物各个分部分项工程为对象编制的定额是(　　)。

A. 施工定额　　B. 材料消耗定额

C. 预算定额　　D. 概算定额

5. 可作为建筑企业施工项目投标报价依据的定额是(　　)。

A. 预算定额　　B. 施工定额

C. 概算定额　　D. 概算指标

6. 施工作业过程中，筑路机在工作区末端掉头消耗的时间应计入施工机械台班使用定额，其时间消耗的性质是(　　)。

A. 不可避免的停工时间　　B. 不可避免的中断工作时间

C. 不可避免的无负荷工作时间　　D. 正常负荷下的工作时间

7. 全国统一定额是由(　　)综合全国工程建设中技术和施工组织管理的情况编制。

A. 国家建设行政主管部门　　B. 行业建设行政主管部门

C. 地区建设行政主管部门　　D. 施工企业

8. 编制人工定额时，工人在工作班内消耗的工作时间属于损失时间的是(　　)。

A. 停工时间　　B. 休息时间

C. 准备与结束工作时间　　D. 不可避免中断时间

9. 编制劳动定额时，工人装车的砂石数量不足导致的汽车在降低负荷下工作所延续的时间属于(　　)。

A. 有效工作时间　　B. 低负荷下的工作时间

C. 机械停工时间　　D. 机械多余的工作时间

10. 编制人工定额时，由于作业前准备不充分造成的停工时间应计入(　　)。

A. 准备与结束工作时间　　B. 施工本身造成的停工时间

C. 非施工本身造成的停工时间　　D. 不可避免的中断时间

11. 施工机械台班产量定额等于(　　)。

A. 机械净工作生产率×工作班延续时间

B. 机械净工作生产率×工作班延续时间×机械利用系数

C. 机械净工作生产率×机械利用系数

D. 机械净工作生产率×工作班延续时间×机械运行时间

12. 某出料容量 0.5m^3 的混凝土搅拌机，每一次循环中，装料、搅拌、卸料、中断的时间分别为 1min、3min、1min、1min，机械利用系数为 0.8，则该搅拌机的台班产量定额是(　　)m^3/台班。

A. 32　　B. 36

C. 40　　D. 50

13. 劳动定额分为产量定额和时间定额两类，时间定额和产量定额的关系(　　)。

A. 相关关系　　B. 独立关系

C. 正比关系　　D. 互为倒数

14. 编制施工图预算、确定建筑安装工程造价的基础的是(　　)。

A. 预算定额　　B. 施工定额

C. 概算定额　　D. 概算指标

15. 预算定额的编制应反映(　　)。

A. 社会平均水平　　B. 社会平均先进水平

C. 社会先进水平　　D. 企业实际水平

16. 材料单价是指材料从其来源地到达(　　)的价格。

A. 工地　　B. 施工操作地点

C. 工地仓库　　D. 施工工地仓库

17. 为测算一新工艺的时间定额，通过现场观测，测得完成该工艺每米所需的基本工作时间 0.625 工日、辅助工作时间 0.120 工日、准备与结束时间 0.075 工日、必须休息时间 0.150 工日、因避雨停工时间 0.330 工日、不可避免的中断时间 0.250 工日和机具故障停工时间 0.160 工日，经计算该工艺的时间定额是(　　)工日/m。

A. 1.22　　B. 1.38

C. 0.97　　D. 1.55

18. 螺纹钢原价 3500 元/t，运杂费 30 元/t，运输损耗率 0.5%，施工过程中材料损耗率 1%，采购保管费 2%，该螺纹钢的预算单价是(　　) 元/t。

A. 3617.50　　B. 3618.60

C. 3618.25　　D. 3652.50

19. 某混凝土输送泵每小时纯工作状态可输送混凝土 25m³，泵的工作利用系数为 0.75，则该混凝土输送泵的产量定额为(　　)。

A. 150m³/台班　　B. 0.67 台班/100m³

C. 200m³/台班　　D. 0.50 台班/100m³

20. 概算定额是确定完成合格的(　　)所需消耗的人工、材料和机械台班的数量标准。

A. 分部分项工程　　B. 扩大分项工程

C. 单位工程　　D. 单项工程

21. 编制概算定额的基础是(　　)。

A. 施工定额　　B. 劳动定额

C. 预算定额　　D. 概算指标

22. 已知产量定额为 10 单位，则时间定额为(　　)。

A. 10 单位　　B. 1 单位

C. 0.5 单位　　D. 0.1 单位

23. 经现场观测得知，完成 10m³ 某分项工程需消耗某种材料 1.76m³，其中损耗量为 0.055m³，则该种材料的损耗率为(　　)。

A. 3.03%　　B. 3.13%

C. 3.20%　　D. 3.23%

24. 在机械工作时间消耗的分类中，由于工人过错造成施工机械在降低负荷的情况下工作的时间属于(　　)。

A. 有根据地降低负荷下的工作时间　　B. 机械的多余工作时间

C. 违反劳动纪律引起的机械时间损失　　D. 低负荷下的工作时间

25. 某材料自甲、乙两地采购，甲地采购量为400t，原价为180元/t，运杂费为30元/t；乙地采购量为300t，原价为200元/t，运杂费为28元/t，该材料运输损耗率和采购保管费费率分别为1%、2%，则该材料的基价为(　　)元/t。

A. 223.37　　B. 223.40

C. 224.24　　D. 224.28

26. 某施工机械原值为50000元，耐用总台班为2000台班，一次检修费为3000元，检修次数为3，台班维护费系数为20%，每台班发生的其他费用合计为30元/台班，忽略残值和资金时间价值，则该机械的台班单价为(　　)元/台班。

A. 60.40　　B. 62.20

C. 65.40　　D. 67.20

27. 挖掘机配司机1人，若年制度工作日为245天，年工作台班为220台班，人工工日单价为80元，则该挖掘机的人工费为(　　)元/台班。

A. 71.8　　B. 80.0

C. 89.1　　D. 132.7

28. 正常施工条件下，完成单位合格建筑产品所需某材料的不可避免损耗量为0.90kg，已知该材料的损耗率为7.20%，则其总消耗量为(　　)kg。

A. 13.50　　B. 13.40

C. 12.50　　D. 11.60

29. 某工地商品混凝土的采购相关费用下列表所示，该商品混凝土的材料单价为(　　)元/m^3。

供应价格（元/m^3）	杂运费（元/m^3）	运输损耗（%）	购及保管费费率（%）
300	20	1	5

A. 323.2　　B. 338.15

C. 339.15　　D. 339.36

30. 某施工机械原始购置费为4万元，耐用总台班为2000台班，检修次数为4，每次检修费为3000元，台班维护费系数为0.5，每台班安拆及场外运输费为65元，机械残值率为5%，不考虑资金的时间价值，则该机械的台班单价为(　　) 元/台班。

A. 91.44　　B. 93.00

C. 95.25　　D. 95.45

31. 确定施工机械台班定额消耗量前需计算机械时间利用系数，其计算公式正确的是(　　)。

A. 机械时间利用系数＝机械纯工作1h正常生产率×工作班纯工作时间

B. 机械时间利用系数＝ 1/机械台班产量定额

C. 机械时间利用系数＝机械在一个工作班内纯工作时间/一个工作班延续时间(8h)

D. 机械时间利用系数＝一个工作班延续时间（8h）/机械在一个工作班内纯工作时间

32. 某瓦工班组15人，砌1.5砖厚砖基础需6天完成，砌筑砖基础的定额为1.25工

日/m^3，该班组完成的砌筑工程量是( )。

A. 112.5m^3　　B. 90m^3/工日

C. 80m^3/工日　　D. 72m^3

33. 某施工机械设备司机 2 人，若年制度工作日为 254 天，年工作台班为 250 台班，人工日工资单价为 80 元，则该施工机械的台班人工费为( )元/台班。

A. 78.72　　B. 81.28

C. 157.44　　D. 162.56

34. 根据作为工程定额体系的重要组成部分，预算定额是( )。

A. 完成一定计价单位的某一施工过程所需要消耗的人工、材料和机械台班数量标准（施工定额）

B. 完成一定计量单位合格分项工程和结构构件所需消耗的人工、材料、施工机械台班数量及其费用标准

C. 完成单位合格扩大分项工程所需消耗的人工、材料和施工机械台班数量及费用标准（概算定额）

D. 完成一个规定计量单位建筑安装产品的费用消耗标准

35. 预算定额是以( )为对象编制的定额。

A. 施工过程或基本工序　　B. 分项工程和结构构件

C. 扩大的分项工程或扩大的结构构件　　D. 单位工程

36. 下列工程建设定额，属于按定额反映的生产要素消耗内容分类的是( )。

A. 机械台班消耗定额　　B. 行业统一定额

C. 投资估算指标　　D. 补充定额

37. 机械消耗定额的主要表现形式是( )。

A. 产量定额　　B. 工日定额

C. 时间定额　　D. 数量定额

38. 下列属于概算定额编制对象的是( )。

A. 单位工程　　B. 分项工程和结构构件

C. 扩大的分项工程或扩大的结构构件　　D. 建设项目、单项工程、单位工程

39. 单位工程投资估算指标的内容应该是( )。

A. 建筑安装工程费用

B. 设备购置费用

C. 设备、工器具购置费用

D. 建筑安装工程费用与设备、工器具购置费用之和

40. 下列属于预算定额编制中简明适用原则的是( )。

A. 次要的、不常用的、价值量相对较小的项目，分项工程可以划分粗一些

B. 计价定额的制定规划和组织实施由国务院建设行政主管部门归口管理

C. 遵照价值规律的客观要求

D. 按生产过程中所消耗的社会必要劳动时间确定定额水平

41. 投资估算指标编制过程中，单项工程指标一般以( )表示。

A. 单项工程工程量单位投资　　B. 单项工程结构件单位投资

C. 单项工程生产能力单位投资　　D. 单项工程材料消耗单位投资

42. 预算定额编制时需要遵循简明适用原则，其中合理确定预算定额的计算单位是指(　　)。

A. 主要的、常用的、价值量大的项目，分项工程划分要细

B. 次要的、不常用的、价值量相对较小的项目，分项工程划分粗一些

C. 尽可能地避免同一种材料用不同的计量单位和一量多用

D. 预算定额要项目齐全

43. 某出料容量 750L 的砂浆搅拌机，每一次循环工作中，运料、装料、搅拌、卸料、中断需要的时间分别为 150s、40s、250s、50s、40s，运料和其他时间的交叠时间为 50s，机械利用系数为 0.8。该机械的台班产量定额为(　　) m^3/台班。

A. 36.20　　B. 32.60

C. 36.00　　D. 39.27

44. 若完成 $1m^3$ 墙体砌筑工作的基本工时为 0.5 工日，辅助工作时间占工序作业时间的 4%。准备与结束工作时间、不可避免的中断时间、休息时间分别占工作时间的 6%、3%和 12%，该工程时间定额为(　　)工日/m^3。

A. 0.581　　B. 0.608

C. 0.629　　D. 0.659

45. 采用现场测定法，测得某种建筑材料在正常施工条件下的单位消耗为 12.47kg，损耗量为 0.65kg，则该材料的损耗率为(　　)。

A. 4.95%　　B. 5.21%

C. 5.45%　　D. 5.50%

46. 在必需消耗的时间中，有一类时间与工作量大小无关，而往往和工作内容相关，这一时间应是(　　)。

A. 准备与结束工作时间　　B. 基本工作时间

C. 休息时间　　D. 辅助工作时间

47. 以施工现场积累的分部分项工程使用材料数量、完成产品数量、完成工作原材料的剩余数量等统计资料为基础，经过整理分析，获得材料消耗数据的方法是(　　)。

A. 实验室试验法　　B. 现场技术测定法

C. 现场统计法　　D. 理论计算法

48. 通过计时观察，完成某工程的基本工时为 4h/m^3，辅助工作时间为工序作业时间的 8%。规范时间占工作时间的 20%，则完成该工程的时间定额是(　　) 工日/m^3。

A. 0.56　　B. 0.67

C. 0.68　　D. 0.96

49. 根据计时观察资料测得某工序工人工作时间有关数据如下：准备与结束工作时间 12min。基本工作时间 68min，休息时间 10min，辅助工作时间 11min，不可避免中断时间 6min，则该工序的规范时间为(　　) min。

A. 33　　B. 29

C. 28　　D. 27

50. 在施工过程的影响因素中，下列属于技术因素的是(　　)。

A. 工人的技术水平　　B. 所用材料的规格和性能

C. 施工组织和施工方法　　D. 工资分配方式

51. 在工人工作时间消耗的分类中，为完成一定合格产品所消耗的时间是(　　)。

A. 有效工作时间　　B. 基本工作时间

C. 辅助工作时间　　D. 必须消耗的工作时间

52. 已知人工砌筑 $1m^3$ 标准砖墙的基本工作时间为4.5小时，辅助工作时间占工序作业时间的2%。准备与结束工作时间、不可避免的中断时间、休息时间分别占工作日的3%、2%、15%。则该人工砌筑 $1m^3$ 标准砖墙的时间定额是(　　)工日/m^3。

A. 0.704　　B. 0.718

C. 0.751　　D. 0.807

53. 运输汽车装载保温泡沫板，因体积大但重量不足而引起的汽车在降低负荷的情况下工作的时间属于机器工作时间消耗中的(　　)。

A. 有根据的降低负荷下的工作时间　　B. 不可避免的无负荷工作时间

C. 不可避免的损失时间　　D. 低负荷下的工作时间

54. 下列机械工作时间，属于有效工作时间的是(　　)。

A. 筑路机在工作区末端的调头时间

B. 体积达标而未达到载重吨位的货物汽车运输时间

C. 机械在工作地点之间的转移时间

D. 装车数量不足而在低负荷工作的时间

55. 下列属于影响施工过程的组织因素的是(　　)。

A. 工具和机械设备的类别　　B. 构配件的类别

C. 半成品的规格和性能　　D. 工人技术水平

56. 已知某人工抹灰 $10m^2$ 的基本工作时间为4小时，辅助工作时间占工序作业时间的5%，准备与结束工作时间、不可避免的中断时间、休息时间分别占工作日的6%、11%、3%。则该人工抹灰的时间定额为(　　)工日/$100m^2$。

A. 6.30　　B. 6.56

C. 6.58　　D. 6.67

57. 关于材料消耗的性质及确定材料消耗量的基本方法，下列说法正确的是(　　)。

A. 理论计算法适用于确定材料净用量

B. 必须消耗的材料量指材料的净用量

C. 土石方爆破工程所需的炸药、雷管、引信属于非实体材料

D. 现场统计法主要适用于确定材料损耗量

58. 下列属于工作过程的是(　　)。

A. 弯曲钢筋　　B. 钢筋除锈

C. 砌砖墙　　D. 抹灰和粉刷

59. 下列属于影响施工过程的技术因素的是(　　)。

A. 工具和机械设备的类别　　B. 操作方法

C. 工资分配方式　　D. 工人技术水平

60. 某出料容量750L的混凝土搅拌机，每循环一次的正常延续时间为9min，机械正

常利用系数为 0.9。按 8 小时工作制考虑，该机械的台班产量定额为(　　)。

A. $36m^3$/台班　　B. $40m^3$/台班

C. 0.28 台班/m^3　　D. 0.25 台班/m^3

61. 下列工人工作时间消耗中，属于有效工作时间的是(　　)。

A. 因混凝土养护引起的停工时间

B. 偶然停工（停水、停电）增加的时间

C. 产品质量不合格返工的工作时间

D. 准备施工工具花费的时间

62. 某装修公司采购 1000㎡ 花岗石，运至施工现场。已知该花岗石出厂价为 1000 元/㎡，运杂费 30 元/㎡，运输损耗率为 1%，当地造价管理部门规定材料采购及保管费费率为 1%，此批材料的检验试验费为 1500 元，则这批花岗石的材料费用约为(　　)万元。

A. 105.11　　B. 105.07

C. 113.30　　D. 113.45

63. 某大型施工机械需配机上司机、机上操作人员各 1 名，若年制度工作日为 250 天，年工作台班为 200 台班人工日工资单价均为 100 元/工日，则该施工机械的台班人工费为(　　)元/台班。

A. 100　　B. 125

C. 200　　D. 250

64. ★【2019 年陕西】下列定额中，属于计量性定额的是(　　)。

A. 施工定额　　B. 预算定额

C. 概算定额　　D. 概算指标

65. ★【2019 年陕西】砌砖工作中，从选砖开始直至将砖铺放砌体上的全部时间消耗，属于(　　)。

A. 偶然工作时间　　B. 辅助工作时间

C. 基本工作时间　　D. 准备与结束时间

66. ★【2019 年陕西】编制劳动定额时，对产品品种多、批量少、不易计算工作量的施工作业，适宜采用的方法是(　　)。

A. 经验估计法　　B. 统计分析法

C. 技术测定法　　D. 比较类推法

67. ★【2019 年陕西】施工机械在规定使用期限内，陆续收回其原值及购置资金的费用，称为(　　)。

A. 摊销费　　B. 检修费

C. 折旧费　　D. 维护费

68. ★【2020 年湖北】预算定额中，人工消耗由基本用工，材料超运距用工和(　　)。

A. 人工幅度差　　B. 劳动用工

C. 技术用工　　D. 机械幅度差

69. ★【2020 年江西】采用一般计税方法等，关于施工机械台班单价和仪器仪表台班单价的相关子项扣除增值税，可抵扣进项税额的说法，正确的是(　　)。

A. 施工机械台班单价和仪器仪表台班单价均需扣除

B. 施工机械台班单价和仪器仪表台班单价均不需扣除

C. 施工机械台班单价需扣除，仪器仪表台班单价均不需扣除

D. 施工机械台班单价不需扣除，仪器仪表台班单价均需扣除

70. ★【2020 年江西】施工过程中多次使用消耗的材料，如挡土板、脚手架及模板等，这类材料属于(　　)。

A. 主要材料　　B. 辅助材料

C. 周转性材料　　D. 半成品材料

71. ★【2020 年江西】施工机械按照国家规定应纳的车船税、保险费及检测费属于机械台班定额中的(　　)。

A. 折旧费　　B. 维护费

C. 其他费用　　D. 检测费

72. ★【2020 年陕西】工人工作时间中，完成生产一定产品的施工工艺过程所消耗的时间，称为(　　)。

A. 基本工作时间　　B. 有效工作时间

C. 实际工作时间　　D. 定额工作时间

73. ★【2020 年陕西】准确性较高、但工作量大且技术要求高的劳动定额编制方法是(　　)。

A. 经验估计法　　B. 统计分析法

C. 技术测定法　　D. 理论分析法

74. ★【2020 年陕西】确定预算定额的人工消耗指标时，砌墙工程中“砌砖、调制砂浆”的用工量属于(　　)。

A. 基本用工　　B. 辅助用工

C. 超运距用工　　D. 人工幅度差

75. ★【2020 年陕西】按其用途和用量的大小，钢管脚手架在预算定额中属于(　　)。

A. 主要材料　　B. 消耗性材料

C. 辅助材料　　D. 周转性材料

76. ★【2020 年陕西】在概算定额的基础上进一步综合扩大。以建筑物和构筑物为对象。以建筑面积、体积或成套设备装置的台或组为计量单位编制的定额，称为(　　)。

A. 施工定额　　B. 综合预算定额

C. 概算指标　　D. 投资估算指标

77. ★【2020 年陕西】在正常施工条件下，完成单位合格产品所规定劳动消耗的数量标准称为(　　)。

A. 材料消耗定额　　B. 机械消耗定额

C. 施工定额　　D. 劳动定额

78. ★【2020 年浙江】某工地从某处采购同一种商业混凝土，已知供应价格 450 元，运杂费 50 元，运输损耗率为 2%，采购及保管费率为 6%，则该商品混凝土的材料单价为(　　)元。

A. 510　　B. 530

C. 540　　D. 540.6

79.★【2021年北京】安拆简单、移动需要起重及运输机械的轻型施工机械，其安拆费及场外运费计入(　　)。

A. 措施费　　B. 单独计算
C. 不需计算　　D. 台班单价

80.★【2021年北京】一台设备纯工作时间3.6h，延续时间4h，机械正常利用系数是(　　)。

A. 1.11　　B. 0.9
C. 1　　D. 0.8

81.★【2021年甘肃】散装水泥，供应价格500元/t，运杂费50元/t，运输损耗率2%，采购及保管费率5%，材料单价为(　　)元/t。

A. 535.5　　B. 561
C. 577.5　　D. 589.05

82.★【2021年湖北】材料包括主要材料、辅助材料、周转材料和其他材料，下列属于辅助材料的是(　　)。

A. 棉纱　　B. 垫木
C. 脚手架　　D. 编号用的油漆

83.★【2021年湖北】劳动定额分为时间定额和产量定额，两者之间的关系是(　　)。

A. 互为倒数　　B. 比例关系
C. 线性关系　　D. 无关系

84.★【2021年江苏】以分部分项和结构构件为对象编制的是(　　)。

A. 施工定额　　B. 预算定额
C. 概算定额　　D. 概算指标

85.★【2021年陕西】脚手架的工程量按(　　)计算。

A. 最低使用量　　B. 平均使用量
C. 摊销量　　D. 损耗量

86.★【2021年浙江】工程造价的计价依据按用途分类，下列属于计算分部分项工程人工、材料、机具台班消耗量及费用的依据是(　　)。

A. 工程造价信息　　B. 费用定额
C. 利率和汇率　　D. 可行性研究资料

87.★【2021年重庆】定额基价的构成不包括(　　)。

A. 人工费　　B. 材料费
C. 施工机具费　　D. 企业管理费

88.★【2021年重庆】工程计价定额程序的第一阶段为(　　)。

A. 熟悉图纸和现场　　B. 收集资料
C. 计算工程量　　D. 套定额单价

二、多项选择题

(每题的备选项中，有2个或2个以上符合题意，至少有1个错项)

1. 关于概算定额的说法，正确的是(　　)。

A. 概算定额是人工、材料、机械台班消耗量的数量标准

B. 概算定额和预算定额的项目划分相同
C. 概算定额是在概算指标的基础上综合而成的
D. 概算定额是在初步设计时间确定投资额的依据
E. 概算定额水平的确定应与预算定额的水平基本一致

2. 编制人工定额时，工人工作必须消耗的时间包括(　　)。
A. 由于材料供应不及时引起的停工时间
B. 工人擅自离开工作岗位造成的时间损失
C. 准备工作时间
D. 由于施工工艺特点引起的工作中断所必需的时间
E. 工人下班前清洗整理工具的时间

3. 编制施工机械台班使用定额时，属于机械施工时间中损失时间的有(　　)。
A. 施工本身原因造成的停工时间　　B. 非施工原因造成的停工时间
C. 违反劳动纪律引起的时间损失　　D. 工人正常的休息时间
E. 低负荷下的工作时间

4. 编制机械台班使用定额时，机械工作必需消耗的时间包括(　　)。
A. 不可避免的中断时间　　B. 不可避免的无负荷工作时间
C. 有效工作时间　　D. 低负荷下的工作时间
E. 由于劳动组织不当引起的中断时间

5. 按照反映的生产要素消耗内容，可将建设工程定额分为(　　)。
A. 建筑工程定额　　B. 安装工程定额
C. 人工定额　　D. 材料消耗定额
E. 机械台班定额

6. 编制材料消耗定额时，材料定额消耗量的确定方法有(　　)。
A. 理论计算法　　B. 现场统计法
C. 比较类推法　　D. 实验室试验法
E. 现场技术测定法

7. 在合理劳动组织与合理使用机械的条件下，完成单位合格产品所必需的机械工作时间包括(　　)。
A. 正常负荷下的工作时间
B. 不可避免的中断时间
C. 施工过程中操作工人违反劳动纪律的停工时间
D. 有根据地降低负荷下的工作时间
E. 不可避免的无负荷工作时间

8. 机械台班使用定额的编制内容包括(　　)。
A. 拟定机械作业的正常施工条件　　B. 确定机械纯工作 1h 的正常生产率
C. 拟定机械的停工时间　　D. 确定机械的利用系数
E. 计算机械台班定额

9. 必须消耗的时间包括基本工作时间和(　　)。
A. 偶然时间　　B. 辅助工作时间

C. 准备与结束时间　　D. 不可避免的中断时间

E. 休息时间

10. 下列材料单价的构成费用，包含在采购及保管费中进行计算的有(　　)。

A. 运杂费　　B. 仓储费

C. 工地管理费　　D. 运输损耗

E. 仓储损耗

11. 人工预算单价的组成包括(　　)。

A. 计时工资或计件工资　　B. 加班加点工资

C. 奖金　　D. 养老保险金

E. 住房公积金

12. 施工机械台班单价的组成包括(　　)。

A. 折旧费　　B. 人工费

C. 检修费　　D. 管理费

E. 燃料动力费

13. 下列工人工作时间中，属于有效工作时间的有(　　)。

A. 基本工作时间　　B. 不可避免中断时间

C. 辅助工作时间　　D. 偶然工作时间

E. 准备与结束工作时间

14. 概算指标的编制依据有(　　)。

A. 现行的预算定额

B. 选择的典型工程施工图和其他相关资料

C. 全国统一劳动定额

D. 推广的新技术、新结构、新材料、新工艺

E. 人工工资标准、材料预算价格、机械台班预算价格

15. 编制压路机台班使用定额时，属于必需消耗时间的是(　　)。

A. 施工组织不好引起的停工时间

B. 压路机在工作区末端掉头时间

C. 压路机操作人员擅离岗位引起的停工时间

D. 与工艺过程的特点、机器的使用和保养、工人休息有关的中断时间

E. 暴雨时压路机的停工时间

16. 劳动定额的表现形式为(　　)。

A. 概算定额　　B. 时间定额

C. 材料定额　　D. 预算定额

E. 产量定额

17. 关于工程计价定额的概算指标，下列说法正确的是(　　)。

A. 主要用于设计概算的编制　　B. 概算指标是指以扩大分项工程为对象

C. 主要用于编制投资估算　　D. 是一种计价定额

E. 基本反映建设项目、单项工程、单位工程的相应费用指标

18. 关于施工机械台班单价的确定，下列公式正确的是(　　)。

A. 台班折旧费＝机械原值×（1－残值率）
B. 台班维护费＝台班检修费×维护费系数
C. 台班检修费＝一次检修费×检修次数/耐用总台班
D. 台班折旧费＝机械预算价格×（1－残值率）/耐用总台班
E. 台班维护费＝ $\sum$（各级维护一次费用×各级维护次数）/耐用总台班

19. 关于建筑安装工程费用中建筑业增值税的计算，下列说法错误的是(　　)。
A. 增值税的两种计算方式是：一般计税方法和简易计税方法
B. 当事人可以自主选择一般计税法或简易计税法计税
C. 采用一般计税法，建筑业增值税税率为 3%
D. 采用简易计税法时，税前造价不包含增值税的进项税额
E. 采用一般计税法时，税前造价不包含增值税的进项税额

20. 下列属于预算定额编制依据的是(　　)。
A. 现行施工定额　　B. 现行的设计规范
C. 概算指标　　D. 概算定额
E. 现行的预算定额

21. 下列属于人工日工资单价组成的是(　　)。
A. 职工福利费　　B. 计时工资或计件工资
C. 津贴补贴　　D. 劳动保护费
E. 奖金

22. 下列属于材料单价中材料运杂费的是(　　)。
A. 调车和驳船费　　B. 装卸费
C. 运输损耗　　D. 采购费
E. 运输费

23. 关于材料单价的构成和计算，下列说法正确的是 (　　)。
A. 材料单价指材料由其来源地运达工地仓库的入库价
B. 运输损耗指材料在场外运输装卸及施工现场搬运发生的不可避免损耗
C. 采购及保管费包括组织材料检验、供应过程中发生的费用
D. 材料单价中包括材料仓储费和工地保管费
E. 材料生产成本的变动直接影响材料单价的波动

24. 施工过程的影响因素包括技术因素、组织因素和自然因素，下列因素中属于组织因素的是(　　)。
A. 构配件的类别　　B. 所用工具的型号
C. 施工方法　　D. 工资分配方式
E. 工人技术水平

25. 在投资估算指标中，建设项目综合指标的内容一般包括(　　)。
A. 单项工程投资　　B. 建设期利息
C. 工程建设其他费用　　D. 预备费
E. 流动资金

26. ★【2019 年陕西】在工人工作时间的研究分析中，有效工作时间包括(　　)。

A. 基本工作时间　　B. 辅助工作间
C. 不可避免中断时间　　D. 休息时间
E. 准备与结束工作时间

27. ★【2019年陕西】确定人工消耗指标时，人工幅度差包括的因素有(　　)。

A. 班组操作地点转移的用工时间
B. 处理电焊着火的用工时间
C. 质量检查影响工人操作时间
D. 施工中不可避免的少数零星用工所需时间
E. 各工种交叉作业相互影响所发生的间歇时间

28. ★【2020年陕西】工程定额按编制程序和用途可分为(　　)。

A. 施工定额　　B. 预算定额
C. 概算定额　　D. 建筑工程定额
E. 安装工程定额

29. ★【2020年陕西】确定机械台班消耗量时，机械幅度差的内容包括(　　)。

A. 工程开工时工作量不饱满所损失的时间
B. 停电影响机械操作的时间
C. 检查工程质量影响机械操作的时间
D. 施工中不可避免的其他零星用工
E. 机械维修引起的停歇时间

30. ★【2020年陕西】建筑安装工程费用定额的编制原则有(　　)。

A. 合理确定定额水平　　B. 按社会先进水平确定
C. 简明适用性　　D. 合理确定计量单位
E. 定性与定量相结合

31. ★【2021年湖北】劳动定额编制方法包括(　　)。

A. 经验估计法　　B. 比较分析法
C. 技术测定法　　D. 典型定额法
E. 理论计算法

32. ★【2021年浙江】属于计价定额的有(　　)。

A. 施工定额　　B. 预算定额
C. 概算定额　　D. 概算指标
E. 投资估算指标

答案与解析

一、单项选择题

1. B；　2. A；　3. A；　4. C；　5. B；　6. C；　7. A；　8. A；　9. B；　10. B；
11. B；　12. A；　13. D；　14. A；　15. A；　16. D；　17. A；　18. B；　19. A；　20. B；
21. C；　22. D；　23. D；　24. D；　25. D；　26. A；　27. C；　28. B；　29. D；　30. B；
31. C；　32. D；　33. D；　34. B；　35. B；　36. A；　37. C；　38. C；　39. A；　40. A；

41. C； 42. C； 43. C； 44. D； 45. D； 46. A； 47. C； 48. C； 49. C； 50. B；
51. D； 52. B； 53. A； 54. B； 55. D； 56. C； 57. A； 58. D； 59. A； 60. A；
61. D； 62. B； 63. D； 64. A ； 65. D； 66. A； 67. C； 68. A； 69. A； 70. C；
71. C； 72. A； 73. C； 74. A； 75. D； 76. C； 77. D； 78. D； 79. D； 80. B；
81. D； 82. B； 83. A； 84. B； 85. C； 86. A； 87. D； 88. B。

二、多项选择题

1. DE； 2. CDE； 3. ABCE； 4. ABC； 5. CDE； 6. ABDE； 7. ABDE；
8. ABDE； 9. BCDE； 10. BCE； 11. ABC； 12. ABCE；13. ACE； 14. ABE；
15. BD； 16. BE； 17. BD； 18. BD； 19. BCD； 20. ABE； 21. BCE；
22. ABE； 23. DE； 24. CDE； 25. ACD； 26. ABE； 27. CDE； 28. ABC；
29. ABCE；30. ACE； 31. ACD； 32. BCDE。

单选题解析

多选题解析

第3节 工程造价信息及应用

一、单项选择题（每题的备选项中，只有1个最符合题意）

1. 下列工程造价信息中，在工程计价中起重要作用的是(　　)。

A. 工程价格信息　　B. 政策性文件
C. 计价标准和规范　　D. 工程定额

2. 下列工程造价指数，既属于总指数又可用综合指数形式表示的是(　　)。

A. 设备、工器具价格指数　　B. 建筑安装工程造价指数
C. 单项工程造价指数　　D. 建设项目造价指数

3. 工程计价信息包括(　　)。

A. 工程造价指数、在建工程信息和已完工程信息
B. 价格信息、工程造价指数和已完工程信息
C. 人工价格信息、材料价格信息和在建工程信息
D. 价格信息、工程造价指数和刚开工的工程信息

4. 下列工程造价指数中，没有用平均数指数形式编制的总指数是(　　)。

A. 工程建设其他费用费率指数　　B. 建筑安装工程价格指数
C. 单项工程造价指数　　D. 建设项目造价指数

5. 关于工程造价指数，下列说法正确的有(　　)。

A. 工程造价指数可以反映建筑市场的供求关系
B. 建筑安装工程造价指数是一种单项指数

C. 设备、工器具价格指数是一种数量指标指数

D. 单项工程造价指数一般用平均数指数的形式表示

6. ★【2020年浙江】不属于工程计价信息管理需要遵循的基本原则是(　　)。

A. 稳定性原则　　B. 高效处理原则

C. 标准化原则　　D. 定量化原则

7. ★【2020年浙江】施工图预算编制完成后，需要认真进行全面、系统的审查。施工图预算审查的主要内容不包括(　　)。

A. 审查材料代用是否合理　　B. 审查设备、材料的预算价格

C. 审查工程量　　D. 审查预算单价的套用

8. ★【2020年陕西】按所反映的现象范围，工程造价指数中的设备、工器具价格指数属于(　　)。

A. 平均数指数　　B. 综合指数

C. 个体指数　　D. 总指数

9. ★【2020年浙江】某建设材料本身的价值或生产价格并不高，但是所需的运输费用却很高，该类建材的价格信息体现了工程造价信息的(　　)的特点。

A. 区域性　　B. 专业性

C. 动态性　　D. 季节性

10. ★【2021年北京】BIM在决策阶段的优势，说法正确的是(　　)。

A. 通过对设计方案优选或限额设计，设计模型的多专业一致性检查，有效控制造价

B. 为建设项目各方提供了施工计划与造价控制的所有数据

C. 调用与拟建项目相似工程的造价数据，高效准确地估算出规划项目的总投资额

D. 进行工程量自动计算，统计分析，形成准确的工程量清单

11. ★【2021年浙江】下列工程造价指数，属于个体指数的是(　　)。

A. 单项价格指数　　B. 设备工器具价格指数

C. 建筑安装工程造价指数　　D. 单项工程造价指数

二、多项选择题

(每题的备选项中，有2个或2个以上符合题意，至少有1个错项)

1. 建设项目造价指数属于总指数，是由(　　)综合编制而成。

A. 人、材、机价格指数　　B. 企业管理费价格指数

C. 设备、工器具价格指数　　D. 建筑安装工程造价指数

E. 工程建设其他费用指数

2. 建设项目工程造价指数是由(　　)指数综合得到的。

A. 设备工器具价格指数　　B. 人工费价格指数

C. 建筑安装工程造价指数　　D. 材料价格指数

E. 工程建设其他费用指数

3. 下列工程造价指数中，采用平均数指数形式编制的有(　　)。

A. 各种单项价格指数　　B. 设备、工器具价格指数

C. 建筑安装工程价格指数　　D. 单项工程造价指数

E. 建设项目造价指数

4. 下列属于价格信息的是(　　)。

A. 人工价格信息　　B. 材料价格信息

C. 机械价格信息　　D. 工程造价指数

E. 已完工程信息

5. ★【2019年陕西】下列工程造价信息中，在工程价格市场机制中起重要作用的包括(　　)。

A. 工程量信息　　B. 价格信息

C. 已完工程信息　　D. 工程造价指数

E. 市场发展指数

6. ★【2020年江西】工程计价信息的特点主要包括(　　)。

A. 区域性　　B. 多样性

C. 专业性　　D. 动态性

E. 组合型

7. ★【2021年湖北】工程计价信息特点包括(　　)。

A. 区域性　　B. 单一性

C. 专业性　　D. 系统性

E. 动态性

答案与解析

一、单项选择题

1. A；　2. A；　3. B；　4. A；　5. D；　6. A；　7. A；　8. D；　9. A；　10. C；　11. A。

二、多项选择题

1. CDE；　2. ACE；　3. CDE；　4. ABC；　5. BCD；　6. ABCD；　7. ACDE。

选择题解析

第5章　工程决策和设计阶段造价管理

第1节　决策和设计阶段造价管理工作程序和内容

一、单项选择题（每题的备选项中，只有1个最符合题意）

1. 建设项目详细可行性研究阶段的投资估算误差率一般在(　　)范围内。

A. ±5%　　B. ±10%

C. ±15%　　D. ±20%

2. 在项目设计阶段，应坚持先进性、适用性、安全可靠性、经济合理性原则来确定(　　)。

A. 建设规模　　B. 建设标准

C. 技术方案　　D. 设备方案

3. 某地2020年拟建年产30万t化工产品项目。依据调查，某生产相同产品的已建成项目，年产量为10万t，建设投资为12000万元。若生产能力指数为0.9，综合调整系数为1.15，则该拟建项目的建设投资是(　　)万元。

A. 28047　　B. 36578

C. 37093　　D. 37260

4. 初步可行性研究阶段投资估算精度的要求为：误差控制在(　　)以内。

A. ±5%　　B. ±10%

C. ±15%　　D. ±20%

5. 建设项目规模的合理选择关系到项目的成败，决定着项目工程造价的合理与否。影响项目规模合理化的制约因素主要包括(　　)。

A. 资金因素、技术因素和环境因素　　B. 资金因素、技术因素和市场因素

C. 市场因素、技术因素和环境因素　　D. 市场因素、环境因素和资金因素

6. 确定项目建设规模时，应该考虑的首要因素是(　　)。

A. 市场因素　　B. 生产技术因素

C. 管理技术因素　　D. 环境因素

7. 在确定项目建设规模时，需考虑的市场因素包括(　　)。

A. 燃料动力供应　　B. 原材料市场

C. 产业政策　　D. 运输及通信条件

8. 在项目决策阶段影响工程造价的因素中，下列属于影响建设规模的技术因素的是(　　)。

A. 资源技术和环境治理技术　　B. 资源技术和生产技术

C. 环境治理技术和管理技术　　D. 生产技术和管理技术

9. 关于项目投资估算的作用，下列说法正确的是(　　)。

A. 项目建议书阶段的投资估算，是确定建设投资最高限额的依据
B. 可行性研究阶段的投资估算，是项目投资决策的重要依据，不得突破
C. 投资估算不能作为制定建设贷款计划的依据
D. 投资估算是核算建设项目固定资产需要额的重要依据

10. 关于我国项目前期各阶段投资估算的精度要求，下列说法正确的是(　　)。
A. 项目建议书阶段，允许误差大于±30%
B. 投资设想阶段，要求误差控制在±30%以内
C. 预可行性研究阶段，要求误差控制在±20%以内
D. 可行性研究阶段，要求误差控制在±15%以内

11. 产品功能可从不同的角度进行分析，按功能的性质不同，产品的功能可分为(　　)。
A. 必要功能和不必要功能　　B. 基本功能和辅助功能
C. 使用功能和品位功能　　D. 过剩功能和不足功能

12. ★【2019 年陕西】住宅建筑的平面形式中，既有利于施工、又能降低造价和使用方便的住宅平面布置形式为(　　)。
A. 矩形　　B. 方形
C. 圆形　　D. 椭圆形

13. ★【2020 年江西】建设项目经济评价包括财务评价和(　　)。
A. 盈利能力评价　　B. 投资回报评价
C. 经济效果评价　　D. 风险评价

14. ★【2021 年北京】建设规模的制约因素包括(　　)。
A. 市场因素、技术因素、政策因素　　B. 市场因素、环境因素、政策因素
C. 环境因素、技术因素、政策因素　　D. 市场因素、技术因素、环境因素

15. ★【2021 年湖北】在初步可行性研究阶段，投资估算额度率一般要求控制在(　　)以内。
A. ±5%　　B. ±10%
C. ±20%　　D. ±30%

16. ★【2021 年浙江】工业项目工程设计的核心是(　　)。
A. 总平面设计　　B. 工艺设计
C. 建筑设计　　D. 结构设计

17. ★【2021 年浙江】项目建议书阶段，投资估算额度的偏差率应控制在(　　)以内。
A. ±10%　　B. ±20%
C. ±30%　　D. ±40%

二、多项选择题（每题的备选项中，有 2 个或 2 个以上符合题意，至少有 1 个错项）

1. 关于我国项目前期阶段投资估算的误差率要求，下列说法正确的是(　　)。
A. 项目建议书阶段，允许误差大于±30%
B. 详细可行性研究阶段，要求误差控制在±30%以内

C. 初步可行性研究阶段，要求误差控制在±20%以内
D. 初步可行性研究阶段，要求误差控制在±15%以内
E. 详细可行性研究阶段，要求误差控制在±10%以内

2. 关于项目建设规模，下列说法正确的是(　　)。

A. 建设规模越大，产生的效益越高
B. 相应的环境因素是实现规模效益的保证
C. 资金市场条件对建设规模的选择起着制约作用
D. 技术因素是确定建设规模需考虑的首要因素
E. 先进适用的生产技术及技术装备是项目规模效益赖以存在的基础

3. 价值工程活动中，按功能的重要程度不同，产品的功能可分为(　　)。

A. 基本功能　　B. 必要功能
C. 辅助功能　　D. 过剩功能
E. 不足功能

4. ★【2020 年江西】工业生产项目建议书阶段的投资估算应根按产品方案和(　　)。

A. 项目设计文件　　B. 项目建设规模
C. 产品主要生产工艺　　D. 项目设备清单
E. 初选建设地点

5. ★【2020 年陕西】在工业项目的工艺设计过程中，影响工程造价的因素主要有(　　)。

A. 占地面积　　B. 功能分区
C. 工艺流程　　D. 生产方法
E. 设备选型

答案与解析

一、单项选择题

1. B；　2. C；　3. C；　4. D；　5. C；　6. A；　7. B；　8. D；　9. D；　10. C；
11. C；　12. A；　13. C；　14. D；　15. C；　16. B；　17. C。

二、多项选择题

1. CE；　2. CE；　3. AC；　4. BCE；　5. CDE。

选择题解析

第2节 投资估算编制

一、单项选择题（每题的备选项中，只有1个最符合题意）

1. 投资估算一般分为(　　)。

A. 建设项目、单项工程、单位工程三个层次

B. 单项工程、单位工程两个层次

C. 单项工程、单位工程、分部工程三个层次

D. 建设项目、单项工程两个层次

2. 投资估算精度相对较高，既适用于项目建议书阶段又适用于可行性研究阶段使用的投资估算方法是(　　)。

A. 类似项目对比法　　B. 系数估算法

C. 生产能力指数法　　D. 指标估算法

3. 某地2017年拟建一座年产20万t的化工厂，该地区2015年建成的年产15万t相同产品的类似项目实际建设投资为6000万元。2015年和2017年该地区的工程造价指数(定基指数）分别为1.12、1.15，生产能力指数为0.7，预计该项目建设期的两年内工程造价仍将年均上涨5%。则该项目的静态投资为(　　)万元。

A. 7147.08　　B. 7535.09

C. 7911.84　　D. 8307.43

4. 投资估算的编制方法中，以拟建项目的主体工程费为基数，以其他工程费与主体工程费的百分比为系数，此估算拟建项目总投资的方法是(　　)。

A. 单位生产能力估算法　　B. 生产能力指数法

C. 系数估算法　　D. 比例估算法

5. 2006年已建成年产20万t的某化工厂，2010年拟建年产100万t相同产品的新项目，并采用增加相同规格设备数量的技术，增加同规格设备的数量达到生产规模的系数为(　　)。

A. 0.4～0.5　　B. 0.6～0.7

C. 0.8～0.9　　D. 1

6. 某地2015年拟建年产30万t化工产品项目。依据调查，某生产相同产品的已建成项目，年产为10万t，建设投资为15000万元。若生产能力指数为0.9，综合调整系数为1.2，则该拟建项目的建设投资是(　　)万元。

A. 30047　　B. 41578

C. 48059　　D. 48382

7. 根据生产能力指数法（$x=0.6$，$f=1.2$），若将设计中的化工生产系统的生产能力提高3倍，其投资额大约增加(　　)。

A. 176%　　B. 112%

C. 232%　　D. 93%

8. 下列有关静态投资部分估算方法的描述，正确的是(　　)。

A. 在条件允许时，可行性研究阶段可采用生产能力指数法编制估算
B. 在条件允许时，项目建议书阶段可采用指标估算法编制估算
C. 在条件允许时，可行性研究阶段可采用系数估算法编制估算
D. 在条件允许时，可行性研究阶段可采用比例估算法编制估算

9. 下列投资估算编制方法，适合用于可行性研究阶段投资估算编制的是(　　)。

A. 生产能力指数法　　B. 比例估算法
C. 指标估算法　　D. 混合估算法

10. 某地2016年拟建一年产50万t产品的工业项目预计建设期为3年，该地区2013年已建年产40万t的类似项目投资为2亿元。已知生产能力指数为0.9，该地区2013、2016年同类工程造价指数分别为108、112，预计拟建项目建设期内工程造价年上涨率为5%。用生产能力指数法估算的拟建项目静态投资为(　　)亿元。

A. 2.54　　B. 2.74
C. 2.75　　D. 2.94

11. 某地拟于2013年兴建一座工厂，年生产某种产品50万t。已知2010年在另一地区已建类似工厂，年生产同类产品30万t，投资5.43亿元。若综合调整系数为1.5，用单位生产能力估算法计算拟建项目的投资额应为(　　)亿元。

A. 6.03　　B. 9.05
C. 13.58　　D. 18.10

12. 按照生产能力指数法（$x=0.8$，$f=1.1$），如将设计中的化工生产系统的生产能力提高到三倍，投资额将增加(　　)。

A. 118.9%　　B. 158.3%
C. 164.9%　　D. 191.5%

13. 下列投资估算方法，精度较高的是(　　)。

A. 生产能力指数法　　B. 单位生产能力估算法
C. 系数估算法　　D. 指标估算法

14. 下列关于投资决策阶段流动资金估算的说法正确的是(　　)。

A. 不同生产负荷下的流动资金按100%生产负荷下的流动资金乘以生产负荷百分比计算
B. 分项详细估算时，需要计算各类流动资产和流动负债的年周转次数
C. 当年发生的流动资金借款应按半年计息
D. 流动资金借款利息应计入建设期贷款利息

15. 2014年已建成年产10万t的某钢厂，其投资额为4500万元，2019年拟建生产60万吨的钢厂项目，建设期2年。自2014年至2019年每年平均造价指数递增5%，预计建设期2年平均造价指数递减6%，则拟建钢厂的静态投资额为(　　)万元。(已知生产能力指数为0.8)

A. 22934.57　　B. 24081.30
C. 25250.08　　D. 26765.09

16. 在国外某地建设一座化工厂，已知设备到达工地的费用（E）为3000万美元，该项目的朗格系数（K）及包含的内容如下表所示。则该工厂的间接费用为(　　)万美元。

朗格系数（K）		3.003
内容	(a) 包括基础、设备、油漆及设备安装费	$E\times1.4$
	(b) 包括上述在内和配管工程费	(a) ×1.1
	(c) 装置直接费	(b) ×1.5
	(d) 包括上述在内和间接费	(c) ×1.3

A. 9009　　B. 6930
C. 2079　　D. 1350

17. 运用生产能力指数法时，若 Q_1 与 Q_2 的比值在 2～50 之间，且拟建项目规模的扩大仅靠增大设备规模来达到时，则 n 取值约在(　　)之间。

A. 0.5～0.6　　B. 0.6～0.7
C. 0.8～0.9　　D. 0.5～2

18. ★【2020 年陕西】在可行性研究阶段编制投资估算，当编制建筑工程费用估算时，适合采用 100m² 断面为单位，用技术标准、结构形式、施工方法相适应的投资估算指标或类似工程造价资料进行估算的是(　　)。

A. 桥梁　　B. 铁路
C. 隧道　　D. 围墙大门

19. ★【2019 年陕西】按形成资产法估算建设投资时，工程费用形成(　　)。

A. 固定资产　　B. 无形资产
C. 流动资产　　D. 递延资产

20. ★【2020 年江西】编制可行性研究报告的时候，估算仓库，窑炉等工程投资估算一般用什么单位(　　)。

A. 单位面积　　B. 单位容积
C. 单位体积　　D. 单位质量

21. ★【2020 年陕西】在项目建议书和可行性研究阶段编制的工程造价是(　　)。

A. 投资估算　　B. 设计概算
C. 施工预算　　D. 施工图预算

22. ★【2021 年浙江】采用单位建筑工程投资估算法估算工业与民用建筑的工程费用时，通常采用(　　)。

A. 单位功能价格法　　B. 单位长度价格法
C. 单位面积价格法　　D. 单位容积价格法

23. ★【2021 年重庆】项目建议书的阶段的投资估算方法不包括(　　)。

A. 单位生产能力估算法　　B. 指标估算法
C. 比例估算法　　D. 预算估算法

二、多项选择题（每题的备选项中，有 2 个或 2 个以上符合题意，至少有 1 个错项）

1. 下列估算方法，不适用于可行性研究阶段投资估算的有(　　)。

A. 单位生产能力估算法　　B. 比例估算法
C. 系数估算法　　D. 指标估算法
E. 生产能力指数法

2. 按照指标估算法，建筑工程费用估算一般采用(　　)。

A. 单位实物工程量投资估算法　　B. 工料单价投资估算法
C. 单位建筑工程投资估算法　　D. 概算指标投资估算法
E. 工程量估算法

3. 采用分项详细估算法进行流动资金估算时，应计入流动负债的是(　　)。

A. 应付票据　　B. 存货
C. 应付账款　　D. 库存资金
E. 应收账款

4. 关于流动资金的估算，下列表述正确的是(　　)。

A. 对于存货中的外购原材料和燃料，要分品种和来源，运输方式和运输距离，以及占用流动资金的比重大小等因素考虑其最低周转天数
B. 流动资金属于短期性流动资产，流动资金的筹措可以通过短期负债和资本金的方式解决
C. 用扩大指标估算法计算流动资金，应能够在经营成本估算之后进行
D. 在不同生产负荷下的流动资金，可以直接按照100%生产负荷下的流动资金乘以生产负荷百分比求得
E. 扩大指标估算法简便易行，但准确度不高，适用于项目建议书阶段的估算

5. 下列属于企业存货的项目有(　　)。

A. 原材料　　B. 设备
C. 有价证券　　D. 在产品
E. 产成品

6. ★【2020年陕西】投资机会研究和初步可行性研究阶段，建设投资估算编制方法有(　　)。

A. 生产能力指数法　　B. 比例估算法
C. 系数估算法　　D. 指标估算法
E. 单位生产能力估算法

7. ★【2021年甘肃】下列属于流动负债的有(　　)。

A. 应收账款　　B. 预付账款
C. 资产　　D. 预收账款
E. 应付账款

8. ★【2021年江苏】在建设项目流动资金投资中，应计入流动资产的有(　　)。

A. 应付账款　　B. 存货
C. 现金　　D. 应收账款
E. 预收账款

答案与解析

一、单项选择题

1. A；　2. D；　3. B；　4. C；　5. C；　6. D；　7. A；　8. B；　9. C；　10. A；

11. C；　12. C；　13. D；　14. B；　15. B；　16. C；　17. B；　18. C；　19. A；　20. B；
21. A；　22. A；　23. D。

二、多项选择题

1. ABCE；　2. ACD；　3. AC；　4. ACE；　5. ADE；　6. ABCE；　7. DE；
8. BCD。

单选题解析

多选题解析

第 3 节　设计概算编制

一、单项选择题（每题的备选项中，只有 1 个最符合题意）

1. 概算定额是在预算定额的基础上，根据有代表性的建筑工程通用图和标准图等资料，进行综合、扩大和合并而成。因此，建筑工程概算定额，也称为(　　)。

A. 概算指标　　B. 综合结构定额
C. 扩大结构定额　　D. 补充定额

2. 投资估算精度应满足控制(　　)的要求。

A. 初步设计概算　　B. 施工图预算
C. 项目资金筹资计划　　D. 项目投资计划

3. 按照国家有关规定，作为年度固定资产投资计划、计划投资总额及构成数额的编制和确定依据的是(　　)。

A. 经批准的投资估算　　B. 经批准的设计概算
C. 经批准的施工图预算　　D. 经批准的工程决算

4. 某建设项目由若干单项工程构成，应包含在其中某单项工程综合概算中的费用项目是(　　)。

A. 工器具及生产家具购置费　　B. 办公和生活用品购置费
C. 研究试验费　　D. 基本预备费

5. 采用概算定额法编制设计概算的主要工作有：①列出分部工程的项目名称并计算工程量；②熟悉图纸了解设计意图；③计算单位工程概算造价；④计算人工、材料、机械费用；⑤确定各分部工程的概算定额单价；⑥计算企业管理费、利润和增值税；⑦编写概算编制说明。下列工作排序正确的是(　　)。

A. ②①⑤④⑥③⑦　　B. ②③①⑤④⑥⑦
C. ③②①④⑤⑥⑦　　D. ②①③⑤④⑥⑦

6. 在建筑工程初步设计文件深度不够、不能正确计算出工程量的情况下，可采用的设计概算编制方法是(　　)。

A. 概算定额法　　　　B. 概算指标法
C. 预算单价法　　　　D. 综合吨位指标法

7. 某工程已有详细的设计图纸，建筑结构非常明确，采用的技术很成熟，则编制该单位建筑工程概算精度最高的方法是(　　)。

A. 概算定额法　　　　B. 概算指标法
C. 类似工程预算法　　　　D. 修正的概算指标法

8. 在对某建设项目设计概算审查时，找到了与其关键技术基本相同、规模相近的同类项目的设计概算和施工图预算材料，则该建设项目的设计概算最适合的审查方法是(　　)。

A. 标准审查法　　　　B. 分组计算审查法
C. 对比分析法　　　　D. 查询核实法

9. 某建设项目投资规模较大，土建部分工程量较小，从国外引进的生产线等关键设备占投资比重较大，可对该项目概算进行审查最适合的方法是(　　)。

A. 联合会审法　　　　B. 查询核实法
C. 分组计算审查法　　　　D. 对比分析法

10. 某工程初步设计深度不够，不能正确计算工程量，但工程设计采用的技术比较成熟，又有类似工程概算指标可以利用，则编制该工程概算适合采用的方法是(　　)。

A. 概算定额法　　　　B. 类似工程预算法
C. 概算指标法　　　　D. 预算单价法

11. 设计总概算是设计单位编制和确定的建设工程项目从筹建至(　　)所需全部费用的文件。

A. 竣工验收、交付使用　　　　B. 办理完竣工决算
C. 项目报废　　　　D. 施工保修期满

12. 某单位建筑工程初步设计已达到一定深度，建筑结构明确，能够计算出概算工程量，则编制该单位建筑工程概算最适合的方法是(　　)。

A. 类似工程预算法　　　　B. 概算预算法
C. 概算定额法　　　　D. 生产能力指数法

13. 某拟建工程初步设计已达到必要的深度，能够据此计算出扩大分项工程的工程量，则能较为正确地编制拟建工程概算的方法是(　　)。

A. 概算指标法　　　　B. 类似工程预算法
C. 概算定额法　　　　D. 综合吨位指标法

14. 下列内容中，属于设计概算审查内容的是(　　)。

A. 分年投资计划的可行性
B. 总概算是否超过批准的投资估算的15%
C. 设备规格、数量、配置是否符合设计要求
D. 是否将总投资分列为静态投资和动态投资

15. 当初步设计深度不够，只有设备出厂价而无详细规格、重量时，编制设备及安装工程概算可选用的方法是(　　)。

A. 设备价值百分比法　　　　B. 设备系数法
C. 综合吨位指标法　　　　D. 预算单价法

16. 与一般工业项目相比，技术复杂、在设计时有一定难度的工程通常设计分三个阶段进行，其中增加的阶段是(　　)。

A. 初步设计　　B. 技术设计

C. 施工图设计　　D. 施工设计

17. 下列不属于单位建筑工程概算的是(　　)。

A. 给水排水、采暖工程概算　　B. 热力设备及安装工程概算

C. 特殊构筑物工程概算　　D. 通风、空调工程概算

18. 设计概算的三级概算是指(　　)。

A. 建筑工程概算、安装工程概算、设备及工器具购置费概算

B. 建设投资概算、建设期利息概算、铺底流动资金概算

C. 主要工程项目概算、辅助和服务性工程项目概算、室内外工程项目概算

D. 单位工程概算、单项工程综合概算、建设项目总概算

19. 单位工程概算按其工作性质可分为单位建筑工程概算和单位设备及安装工程概算两类，下列属于单位设备及安装工程概算的是(　　)。

A. 通风、空调工程概算　　B. 工器具及生产家具购置费概算

C. 电气、照明工程概算　　D. 弱电工程概算

20. 在单项工程综合概算内容中，电气、照明工程概算属于(　　)。

A. 单位建筑工程概算　　B. 设备购置费概算

C. 安装单位工程概算　　D. 工器具购置费概算

21. 当建设项目为一个单项工程时，其设计概算应采用的编制形式是(　　)。

A. 单位工程概算、单项工程综合概算和建设项目总概算二级

B. 单位工程概算和单项工程综合概算二级

C. 单项工程综合概算和建设项目总概算二级

D. 单位工程概算和建设项目总概算二级

22. 某地拟建一工程，与其类似的已完工程单方工程造价为 4500 元/m²，其中人工、材料、施工机具使用费分别占工程造价的 15%、55%和 10%，拟建工程地区与类似工程地区人工、材料、施工机具使用费差异系数分别为 1.05、1.03 和 0.98。假定以人、材、机费用之和为基数取费，综合费率为 25%。用类似工程预算法计算的拟建工程造价指标为(　　)元/m²。

A. 3699.00　　B. 4590.75

C. 4599.00　　D. 4623.75

23. 对于价格波动不大的定型产品和通用设备产品，适合采用的设备及安装工程概算编制方法是(　　)。

A. 预算单价法　　B. 设备价值百分比法

C. 扩大单价法　　D. 综合吨位指标法

24. 在用类似工程预算法编制工程概算时，用价差公式对类似工程的成本单价进行调整，下列不属于成本单价的是(　　)。

A. 人工费　　B. 施工机具使用费

C. 企业管理费　　D. 规费

25. 已知概算指标中的供料单价为 350 元/m，每平方米建筑面积所分摊的毛石基础为

0.8m^3，毛石基础单价为70元/m^3，现准备建造一个类似的建筑物，是采用钢筋混凝土带形基础，若每平方米建筑面积所分摊的钢筋混凝土带形基础为0.7m^3，钢筋混凝土带形基础单价为120元/m^3，则该拟建建筑物的修正概算指标为(　　)元/m^2。

A. 322　　B. 378

C. 350　　D. 400

26. 在用类似工程预算法编制工程概算时，价差调整公式中不包括(　　)。

A. 类似工程预算的规费占预算成本的比重

B. 类似工程预算的企业管理费占预算成本的比重

C. 类似工程预算的施工机具使用费占预算成本的比重

D. 类似工程预算的材料费占预算成本的比重

27. 在单位设备及安装工程概算编制方法中，综合吨位指标法通常适用于(　　)。

A. 价格波动不大的定型产品和通用设备产品

B. 设备价格波动较大的非标准设备和引进设备

C. 初步设计较深，有详细的设备清单

D. 初步设计深度不够，设备清单不完备

28. 当设计方案急需造价估算而又有类似工程概算指标可以利用时，比较适用的建筑工程概算编制方法是(　　)。

A. 概算定额法　　B. 概算指标法

C. 类似工程预算法　　D. 预算单价法

29. ★【2020年浙江】当初步设计深度较深、有详细的设备清单时，最能精确地编制设备及安装工程概算的方法是(　　)。

A. 预算单价法　　B. 扩大单价法

C. 设备价值百分比法　　D. 综合吨位指标法

30. ★【2020年陕西】初步设计深度不够、设备清单不完备、只有主体设备或仅有成套设备质量时，设备安装工程费概算的编制方法可以采用(　　)。

A. 预算单价法　　B. 扩大单价法

C. 设备价值百分比法　　D. 综合吨位法

31. ★【2021年北京】某单位建筑工程初步设计深度不够，不能准确的计算工程量，但工程采用的技术比较成熟而又有类似指标可以利用时，编制该工程设计概算宜采用的方法是(　　)。

A. 扩大单价法　　B. 类似工程换算法

C. 生产能力指数法　　D. 概算指标法

32. ★【2021年重庆】项目方案设计阶段的造价管理工作为(　　)。

A. 投资估算　　B. 设计概算

C. 修正概算　　D. 施工图预算

二、多项选择题（每题的备选项中，有2个或2个以上符合题意，至少有1个错项）

1. 设备及安装工程概算的编制方法有(　　)。

A. 预算单价法　　B. 类似工程预算法

C. 综合吨位法　　D. 扩大单价法
E. 单位估价表法

2. 某建设项目由厂房、办公楼、宿舍等单项工程组成，则可包含在各单项工程综合概算中的内容有(　　)。

A. 机械设备及安装工程概算　　B. 电气设备及安装工程概算
C. 工程建设其他费用概算　　D. 特殊构筑物工程概算
E. 流动资金概算

3. 下列属于审查实际概算的方法有(　　)。

A. 全面审查法　　B. 联合会审法
C. 查询核算法　　D. 对比分析法
E. 分解审查法

4. 单位建筑工程概算的常用编制方法有(　　)。

A. 概算定额法　　B. 预算定额法
C. 概算指标法　　D. 类似工程预算法
E. 生产能力指标法

5. 三级概算文件编制形式的组成内容有(　　)。

A. 建设项目总概算　　B. 建筑工程概算
C. 综合概算　　D. 分部分项工程费概算
E. 单位工程概算

6. 关于设计概算的编制，下列计算式正确的是(　　)。

A. 单位工程概算＝人工费＋材料费＋施工机具使用费＋企业管理费＋利润
B. 单位工程概算＝人工费＋材料费＋施工机具使用费＋企业管理费＋利润＋规费＋增值税
C. 单项工程综合概算＝建筑工程费＋安装工程费＋设备及工器具购置费
D. 单项工程综合概算＝建筑工程费＋安装工程费＋设备及工器具购置费＋工程建设其他费用
E. 建设项目总概算＝各单项工程综合概算＋建设期利息＋预备费

7. 下列原因中，能据以调整设计概算的是(　　)。

A. 超出原设计范围的重大变更
B. 超出承包人预期的货币贬值和汇率变化
C. 超出基本预备费规定范围的不可抗拒重大自然灾害引起的工程变动和费用增加
D. 超出价差预备费的国家重大政策性调整
E. 超出原设计费用之外的变更

8. 下列投资概算中，属于建筑单位工程概算的是(　　)。

A. 机械设备及安装工程概算　　B. 土建工程概算
C. 电气设备及安装工程概算　　D. 工器具及生产家具购置费用概算
E. 通风空调工程概算

9. 下列文件中，包括在建设项目总概算文件中的有(　　)。

A. 总概算表　　B. 单项工程综合概算表

C. 工程建设其他费用概算表　　D. 主要建筑安装材料汇总表
E. 分年投资计划表

10. ★【2019年陕西】下列概算编制方法中，主要用于设备安装工程费概算的有(　　)。

A. 预算单价法　　B. 扩大单价法
C. 设备价值百分比法　　D. 综合吨位指标法
E. 类似工程预算法

11. ★【2021年浙江】设计概算的审查内容包括(　　)。

A. 概算编制的深度　　B. 概算编制的依据
C. 概算的经济合理性　　D. 概算技术先进性
E. 概算内容

答案与解析

一、单项选择题

1. C；　2. A；　3. B；　4. A；　5. A；　6. B；　7. A；　8. C；　9. B；　10. C；
11. A；　12. C；　13. C；　14. C；　15. A；　16. B；　17. B；　18. D；　19. B；　20. A；
21. D；　22. D；　23. B；　24. D；　25. B；　26. A；　27. B；　28. B；　29. A；　30. B；
31. D；　32. A。

二、多项选择题

1. ACD；　2. ABD；　3. BCD；　4. ACD；　5. ACE；　6. BC；　7. ACD；8. BE；
9. ABCD；　10. ABCD；　11. ABE。

单选题解析

多选题解析

第4节　施工图预算编制

一、单项选择题(每题的备选项中，只有1个最符合题意)

1. 在传统计价模式中，编制施工图预算的要素价格是根据(　　)确定的。

A. 企业定额　　B. 市场价格
C. 要素信息价　　D. 预算定额

2. 实物量法和预算单价法在编制施工图预算的主要区别在于(　　)不同。

A. 依据的定额　　B. 工程量的计算规则
C. 人、料、机费用的计算过程和方法　　D. 确定利润的方法

3. 施工图预算包括：单位工程预算、单项工程预算和(　　)。

A. 分部分项工程预算　　B. 其他项目预算
C. 零星项目预算　　D. 建设项目总预算

4. 施工图预算造价中，变化最大的是(　　)。

A. 机械费　　B. 人工费
C. 设备、材料费　　D. 相关费用

5. 拟建工程和已建工程采用同一套设计施工图，但基础部分及现场条件不同，适合用(　　)。

A. 对比审查法　　B. 标准预算审查法
C. 全面审查法　　D. 分组计算审查法

6. 在施工图预算审查的方法中，(　　)按预算定额顺序或施工的先后顺序，逐项全部进行审查的方法。

A. 筛选审查法　　B. 标准预算审查法
C. 全面审查法　　D. 对比审查法

7. 下列属于施工图预算重点审查法审查特点的是(　　)。

A. 审查时间长　　B. 适合审查造价较低的各种工程
C. 审查的重点一般是工程量大的工程　　D. 仅适用于采用用标准图纸的工程

8. 预算单价法编制施工图预算的过程包括：①计算工程量；②套用定额单价，计算人、料、机费用；③计算其他各项费用汇总造价；④工料分析；⑤准备资料，熟悉施工图纸。正确的排列顺序是(　　)。

A. ④⑤②①③　　B. ④⑤①②③
C. ⑤②①③④　　D. ⑤①②④③

9. 采用预算单价法计算工程费用时，若分项工程施工工艺条件与预算单价或单位估价表不一致而造成人工、机械的数量增减时，对预算单价的处理方法一般是(　　)。

A. 编制补充单价表　　B. 直接套用定额单价
C. 调量不换价　　D. 按实际价格换算定额单价

10. 当建设工程条件相同时，用同类已完工程的预算或未完但已经过审查修正的工程预算审查拟建工程的方法是(　　)。

A. 标准预算审查法　　B. 对比审查法
C. 筛选审查法　　D. 全面审查法

11. 审查精度高、效果好，但工作量大，时间较长的施工图预算审查方法是(　　)。

A. 逐项审查法　　B. 重点审查法
C. 对比审查法　　D. 筛选审查法

12. 对采用通用图纸的多个工程施工图预算进行审查时，为节省时间，宜采用的审查方法是(　　)。

A. 逐项审查法　　B. 筛选审查法
C. 对比审查法　　D. 标准预算审查法

13. 具有审查全面、审查效果好等优点，但只适宜于规模小、工艺较简单的工程预算审查的方法是(　　)。

A. 分组计算审查法　　B. 逐项审查法

C. 对比审查法　　D. 标准预算审查法

14. 实物量法编制施工图预算时采用的人工、材料、机械的单价应为(　　)。

A. 项目所在地定额基价中的价格　　B. 预测的项目建设期的市场价格

C. 当时当地的实际价格　　D. 定额编制时的市场价格

15. 关于采用预算单价法编制施工图预算的说法，错误的是(　　)。

A. 当分项工程的名称、规格、计量单位与定额单价中所列内容完全一致时，可直接套用预算单价

B. 当分项工程施工工艺条件与预算单价不一致而造成人工、机械的数量增减时，应调价不换量

C. 当分项工程的主要材料的品种与预算单价中规定的材料不一致时，应该按照实际使用材料价格换算预算单价

D. 当分项工程不能直接套用预算，不能换算和调整时，应编制补充单位估价表

16. 按照工程量清单计价规定，分部分项工程量清单应采用综合单价计价，该综合单价中不包括的费用是(　　)。

A. 措施费　　B. 管理费

C. 利润　　D. 风险费用

17. 关于建设费工程预算，符合组合与分解层次关系的是(　　)。

A. 单位工程预算、单位工程综合预算、类似工程预算

B. 单位工程预算、类似工程预算、建设项目总预算

C. 单位工程预算、单项工程综合预算、建设项目总预算

D. 单位工程综合预算、类似工程预算、建设项目总预算

18. 关于施工图预算的作用，下列说法正确的是(　　)。

A. 施工图预算可以作为业主拨付工程进度款的基础

B. 施工图预算是工程造价管理部门制定最高投标限价的依据

C. 施工图预算是业主方控制工程成本的依据

D. 施工图预算是施工单位安排建筑资金计划的依据

19. 在工料单价法施工图预算编制过程中，下列属于列项并计算工程量步骤的是(　　)。

A. 根据工程内容和定额项目，列出需计算工程量的分部分项工程

B. 收集市场材料价格

C. 熟悉施工图等基础资料

D. 了解施工组织设计和施工现场情况

20. 用工料单价法计算建筑安装工程费时需套用定额预算单价时，下列做法正确的是(　　)。

A. 分项工程名称与定额名称完全一致时，直接套用定额预算单价

B. 分项工程计量单位与定额计量单位完全一致时，直接套用定额预算单价

C. 分项工程主要材料品种与预算定额不一致时，直接套用定额预算单价

D. 分项工程施工工艺条件与预算定额不一致时，调整定额预算单价后套用

21. 采用定额单价法编制单位工程预算时，在进行工料分析后紧接着的下一步骤是(　　)。

A. 计算人、材、机费用　　B. 计算企业管理费、利润、规费、税金等
C. 复核工程量的准确性　　D. 套用定额预算单价

22. 当用工料单价法编制施工图预算时，税金的计算应在以下哪个步骤完成(　　)。

A. 复核　　B. 按计价程序计取其他费用
C. 套用定额预算单价　　D. 计算直接费

23. 采用定额单价法编制施工图预算时，下列做法正确的是(　　)。

A. 若分项工程主要材料品种与预算单价规定材料不一致，需要按实际使用材料价格换算预算单价
B. 因施工工艺条件与预算单价不一致而致工人、机械的数量增加，只调价不调量
C. 因施工工艺条件与预算单价不一致而致工人、机械的数量减少，既调价又调量
D. 对于定额项目计价中未包括的主材费用，应按造价管理机构发布的造价信息价补充进定额基价

24. 在用工料单价法编制施工图预算时，当分项工程的主要材料品种与预算单价或单位估价表中规定材料不一致时，可以(　　)。

A. 按实际使用材料价格换算预算单价
B. 直接套用预算单价
C. 按实际需要对人工、材料、机械价格进行调整
D. 重新选择适用的定额单价

25. 采用工料单价法编制施工图预算，在套用定额预算单价时，若分项工程施工工艺条件与预算单价或单位估价表不一致而造成人工、机械的数量增减时，一般(　　)。

A. 调量不调价　　B. 调价不调量
C. 既不调价也不调量　　D. 既调价也调量

26. 在用工料单价法编制施工图预算时，列项并计算工程量工作程序中，在“根据工程内容和定额项目，列出计算工程量的分部分项工程”步骤后，紧接着的工作是(　　)。

A. 根据施工图纸上的设计尺寸及有关数据，代入计算式进行数值计算
B. 对计量单位进行调整
C. 根据一定的计算顺序和计算规则，列出分部分项工程量的计算式
D. 套用定额预算单价，计算人、材、机费

27. 预算审查方法中，应用范围相对较小的方法是(　　)。

A. 全面审查法　　B. 重点抽查法
C. 分解对比审查法　　D. 标准预算审查法

28. 审查施工图预算，应首先从审查(　　)开始。

A. 定额使用　　B. 工程量
C. 设备材料价格　　D. 人工、机械使用价格

29. ★【2019 年陕西】采用工程量清单计价模式的施工图预算编制方法是(　　)。

A. 工程单价法　　B. 综合单价法
C. 成本加酬金法　　D. 定额计价法

30. ★【2020 年陕西】下列施工图预算编制方法中，与市场经济体制相适应的工料单价法是(　　)。

A. 预算单价法　　B. 工程量清单法
C. 综合单价法　　D. 实物量法

31. ★【2020 年陕西】对设计单位而言，检验工程设计是否经济合理的工程造价是(　　)。

A. 投资估算　　B. 施工预算
C. 施工图预算　　D. 工程结算

32. ★【2020 年陕西】施工图预算编制的关键在于编制好(　　)。

A. 建设项目总预算　　B. 单项工程综合预算
C. 单位工程施工图预算　　D. 分部工程作业预算

33. ★【2021 年湖北】施工图预算是按照逐级编制的汇总方法进行，其编制关键是(　　)。

A. 建设项目施工图预算　　B. 单项工程施工图预算
C. 单位工程施工图预算　　D. 分部分项工程施工图预算

34. ★【2021 年湖北】设备材料费是施工图预算中占比较重的一段，其所占比例为(　　)。

A. 40%～50%　　B. 50%～70%
C. 60%～80%　　D. 70%～80%

35. ★【2021 年重庆】以施工图设计文件依据，按照规定的程序、方法和依据，在工程施工前对工程项目的工程费用进行预测和计算的是(　　)。

A. 投资估算　　B. 设计概算
C. 施工图预算　　D. 施工预算

二、多项选择题（每题的备选项中，有 2 个或 2 个以上符合题意，至少有 1 个错项）

1. 关于传统计价模式下施工图预算的作用，下列说法正确的是(　　)。

A. 施工图预算是施工单位确定投标报价的依据
B. 施工图预算是施工单位进行施工准备的依据
C. 施工图预算是报审项目投资额的依据
D. 施工图预算是监督检查执行定额标准的依据
E. 施工图预算是控制施工成本的依据

2. 施工图预算的编制依据包括(　　)。

A. 工程合同　　B. 施工方案
C. 地方政府发布的区域发展规划　　D. 批准的施工图纸
E. 施工组织设计

3. 对施工单位而言，施工图预算是(　　)的依据。

A. 确定投标报价　　B. 控制施工成本
C. 进行贷款　　D. 编制工程概算
E. 进行施工准备

4. 关于施工图预算对投资方的作用，下列说法正确的是(　　)。

A. 是控制施工图设计不突破设计概算的重要措施

B. 是确定工程最高投标限价的依据

C. 是投标报价的基础

D. 是与施工预算进行“两算”对比的依据

E. 是调配施工力量、组织材料供应的依据

5. 施工图预算审查的重点包括(　　)。

A. 审查相关的技术规范是否有错误

B. 审查工程量计算是否正确

C. 审查施工图预算编制中定额套用是否恰当

D. 审查各项收费标准是否符合现行规定

E. 审查施工图设计方案是否合理

6. 施工图预算对投资方、施工企业都具有十分重要的作用。下列选项中仅属于施工企业作用的有(　　)。

A. 确定合同价款的依据　　B. 控制资金合理使用的依据

C. 控制工程施工成本的依据　　D. 进行施工准备的依据

E. 办理工程结算的依据

7. 关于施工图预算的作用，下列说法正确的是(　　)。

A. 施工图预算可以作为业主拨付工程进度款的基础

B. 施工图预算是工程造价管理部门制定最高投标限价的依据

C. 施工图预算是施工企业进行施工准备的依据

D. 施工图预算是业主方进行施工图预算与施工预算“两算”对比的依据

E. 施工图预算是施工单位安排建设资金计划的依据

8. 施工图预算的编制可以采用(　　)。

A. 预算单价法　　B. 扩大单价法

C. 工料单价法　　D. 直接费单价法

E. 综合单价法

9. 在工料单价法下，套用预算定额预算单价时，下列说法正确的是(　　)。

A. 直接套用预算单价要求分项工程的名称、规格、计量单位与预算单价所列内容完全一致

B. 分项工程的主要材料品种与预算单价或单位估价表中规定材料不一致时，需要按实际使用材料价格换算预算单价

C. 计算完成后将主材费的价差加入人、材、机费。主材费计算的依据是当时当地的市场价格

D. 从定额项目表中分别将各分项工程消耗的每项材料和人工的定额消耗量查出

E. 分项工程施工工艺条件与预算单价不一致而造成人工、机械的数量增减时，一般调量不调价

10. ★【2020 年陕西】施工图预算是建设程序中一个重要的技术经济文件，下列各项中属于施工图预算对投资方的作用的是(　　)。

A. 调配施工力量、组织材料供应的依据

B. 控制造价及资金合理使用的依据

C. 确定合同价款、拨付工程进度款的依据

D. 建筑工程预算包干的依据

E. 确定工程最高投标限价的依据

11. ★【2019 年陕西】按照分部分项工程单价产生的方法不同，工料单价可以分为(　　)。

A. 单价法　　B. 实物量法

C. 分析法　　D. 综合单价法

E. 工程量计算法

12. ★【2021 年北京】施工图预算的审查工作包括(　　)。

A. 工程量计算　　B. 设备方案的准确性

C. 预算定额套用　　D. 设备材料预算价格取定

E. 审查相关的技术规范是否有错误

13. ★【2021 年江苏】下列工程预算中，属于单位设备安装工程预算的有(　　)。

A. 采暖通风工程预算　　B. 电气照明工程预算

C. 工业管道工程预算　　D. 电气设备安装工程预算

E. 热力设备安装工程预算

答案与解析

一、单项选择题

1. D；　2. C；　3. D；　4. C；　5. A；　6. C；　7. C；　8. D；　9. C；　10. B；
11. A；　12. D；　13. B；　14. C；　15. B；　16. A；　17. C；　18. A；　19. A；　20. D；
21. B；　22. B；　23. A；　24. A；　25. A；　26. C；　27. D；　28. B；　29. B；　30. D；
31. C；　32. C；　33. C；　34. B；　35. C。

二、多项选择题

1. ABDE；　2. ABDE；　3. ABE；　4. AB；　5. BCD；　6. CD；　7. AC；
8. CE；　9. ABE；　10. BCE；　11. AB；　12. ACD；　13. DE。

单选题解析

多选题解析

第6章　工程施工招标投标阶段造价管理

第1节　工程施工招标投标概述

一、单项选择题（每题的备选项中，只有1个最符合题意）

1. 根据《招标投标法》的规定，在中华人民共和国境内，工程建设项目必须进行招标的是(　　)。

A. 全部使用国有资金的项目　　B. 非外国政府贷款项目

C. 特定专利项目　　D. 私人投资项目

2. 下列文件中，属于要约邀请文件的是(　　)。

A. 投标书　　B. 中标通知书

C. 招标公告　　D. 承诺书

3. 关于《标准施工招标文件》中通用合同条款的说法，正确的是(　　)。

A. 通用合同条款适用于设计和施工属于同一个承包商的施工招标

B. 通用合同条款同时适用于单价合同和总价合同

C. 通用合同条款只适用于单价合同

D. 通用合同条款只适用于总价合同

4. 根据《招标投标法》的规定，招标人对已发出的招标文件进行必要的澄清或修改的，应当在招标文件要求提交投标文件截止时间至少(　　)日之前书面通知。

A. 7　　B. 15

C. 14　　D. 21

5. 缺陷责任期的开始起算日期为(　　)。

A. 工程完工之日　　B. 竣工验收申请之日

C. 竣工验收之日　　D. 竣工验收后30天

6. 施工合同文件包括：①通用合同条款；②专用合同条款及其附件；③已标价工程量清单或预算书；④中标通知书；⑤技术标准和要求；⑥投标函及其附录；⑦施工合同协议书；⑧其他合同文件；⑨图纸，按优先解释顺序排列正确的是(　　)。

A. ⑦→⑨→④→②→①→⑤→⑥→③→⑧

B. ⑦→④→⑥→②→①→⑤→⑨→③→⑧

C. ⑦→③→⑤→②→①→⑥→④→⑨→⑧

D. ⑦→②→①→⑤→④→③→⑥→⑨→⑧

7. 招标人采用邀请招标方式的，应当向(　　)个以上具备承担招标项目的能力、资信良好的特定的法人或其他组织发出投标邀请书。

A. 2　　B. 3

C. 5　　D. 7

8. 下列不属于公开招标的优点的是(　　)。

A. 投标竞争不激烈，择优率更高

B. 在较广的范围内选择承包商

C. 在较大程度上避免招标过程中的贿标行为

D. 易于获得有竞争性的商业报价

9. 根据《招标投标法》的规定，可以不在招标公告中载明的是(　　)。

A. 招标人的名称和地址　　B. 招标项目的性质、数量

C. 招标项目的技术要求　　D. 获取招标文件的办法

10. 关于施工招标工程的履约担保，下列说法正确的是(　　)。

A. 中标人应在签订合同后向招标人提交履约担保

B. 履约保证金不得超过中标合同金额的5%

C. 招标人仅对现金形式的履约担保，向中标人提供工程款支付担保

D. 发包人应在工程接受证书颁发后28天内将履约保证金退还给承包人

11. 招标工程未进行资格预审，评审委员会按规定对投标人安全生产许可证的有效性进行的评审属于(　　)。

A. 形式评审　　B. 资格评审

C. 响应性评审　　D. 商务评审

12. 关于经评审的最低投标价法的适用范围，下列说法正确的是(　　)。

A. 适用于资格后审而不适用于资格预审的项目

B. 使用与依法必须招标的项目而不适用于一般项目

C. 适用于具有通用技术性能标准或招标人对其技术、性能没有特殊要求的项目

D. 适用于凡不宜采用综合评估法评审的项目

13. 关于合同价款与合同类型，下列说法正确的是(　　)。

A. 招标文件与投标文件不一致的地方，以招标文件为准

B. 中标人应当自中标通知书收到之日起30天内与招标人订立书面合同

C. 工期特别近、技术特别复杂的项目应采用总价合同

D. 实行工程量清单计价的工程，应采用单价合同

14. 下列关于投标人须知描述错误的是(　　)。

A. 在正文中的未尽事宜可以通过“投标人须知前附表”进行进一步明确

B. “投标人须知前附表”由招标人根据招标项目具体特点和实际需要编制和填写

C. “投标人须知前附表”无须与招标文件的其他章节相衔接

D. “投标人须知前附表”不得与投标人须知正文内容相抵触

15. 如果修改招标文件的时间距投标截止时间不足(　　)天，相应推后投标截止时间。

A. 7　　B. 14

C. 15　　D. 20

16. 在招标投标过程中，载明招标文件获取方式的应是(　　)。

A. 招标公告　　B. 资格预审公告

C. 招标文件　　D. 投标文件

17. 根据《标准施工招标文件》，进行了资格预审的施工招标文件应包括(　　)。

A. 招标公告　　B. 投标资格条件

C. 投标邀请书　　D. 评标委员会名单

18. 根据《标准施工招标文件》，施工合同文件包括下列内容：①已标价工程量清单；②技术标准和要求；③中标通知书，仅就上述三项内容而言，合同文件的优先解释顺序是(　　)。

A. ①→②→③　　B. ③→①→②

C. ②→①→③　　D. ③→②→①

19. 根据《标准施工招标文件》的规定，合同价格是指(　　)。

A. 合同协议书中写明的合同总金额

B. 合同协议书中写明的不含暂估价的合同总金额

C. 合同协议书中写明的不含暂列金额的合同总金额

D. 承包人完成全部承包工作后的工程结算价格

20. 合同约定不得违背招、投标文件中关于工期、造价、质量等方面的实质性内容，招标文件与中标人投标文件不一致的地方，以(　　)为准。

A. 招标文件　　B. 投标文件

C. 双方协商后的协议　　D. 工程造价咨询机构确定的内容

21. 下列初步评审标准中属于响应性评审标准的是(　　)。

A. 工程进度计划与措施　　B. 投标报价校核

C. 投标文件格式符合要求　　D. 联合体投标人已提交联合体协议书

22. 投标文件应实质上响应招标文件的所有条款，无显著差异和保留。下列情形中，属于无显著差异和保留的是(　　)。

A. 对招标人的权利造成实质性限制而未影响投标人的义务

B. 对投标人的义务造成实质性限制而未影响招标人的权利

C. 纠正差异对该投标人有利而对其他投标人不利

D. 纠正差异对该投标人不利而对其他投标人有利

23. 评标程序中，下列属于初步审查形式评审的是(　　)。

A. 申请人名称与营业执照一致　　B. 资质等级是否符合有关规定

C. 具备有效的营业执照　　D. 具备有效的安全生产许可证

24. 根据《标准施工招标文件》的规定，对于施工现场发掘的文物。发包人、监理人和承包人应按要求采取妥善保护措施，由此导致的费用增加应由(　　)承担。

A. 承包人　　B. 发包人

C. 承包人和发包人　　D. 发包人和监理人

25. 对于工程总承包合同中质量保证金的扣留与返还，下列做法正确的是(　　)

A. 扣留金额的计算中应考虑预付款的支付、扣回及价格调整的金额

B. 不论是缴纳履约保证金，均须扣留质量保证金

C. 缺陷责任期满即须返还剩余质量保证金

D. 延长缺陷责任期时，应相应延长剩余质量保证金的返还期限

26. 根据《标准施工招标文件》的规定，在监理人对承包人提交的竣工验收申请报告审查后认为已具备竣工验收条件的，应在收到竣工验收申请报告后的(　　)天内提请发包

人进行工程验收。

A. 14　　B. 28

C. 30　　D. 56

27. 根据《标准施工招标文件》的规定，由发包人提供的材料和工程设备的规格、数量或质量不符合合同要求，发包人应承担的责任是(　　)。

A. 由此增加的费用、工期延误

B. 工期延误，但不考虑费用和利润的增加

C. 由此增加的费用和合理利润，但不考虑工期延误

D. 由此增加的费用、工期延误，以及承包商合理利润

28. 缺陷责任期的起算日期必须以(　　)为准。

A.《建设工程质量管理条例》规定的保修日期

B. 通过竣（交）工验收之日起

C. 工程的实际竣工日期

D. 承发包双方在工程质量保修书中约定的日期

29. 关于缺陷责任期内的工程维修及费用承担，下列说法正确的是(　　)。

A. 不可抗力造成的缺陷，发包人负责维修，从质量保证金中扣除费用

B. 承包人造成的缺陷，承包人负责维修并承担费用后，可免除其对工程的一般损失赔偿责任

C. 由于发包人原因导致工程无法按规定期限进行竣工验收的，在承包人提交竣工验收报告 60 天后，工程自动进入缺陷责任期

D. 由于承包人原因导致工程无法按规定期限进行竣工验收的，缺陷责任期从实际通过竣工验收之日起计

30. 因不可抗力造成的下列损失，应由承包人承担的是(　　)。

A. 工程所需清理、修复费用

B. 运至施工场地待安装设备的损失

C. 承包人的施工机械设备损坏及停工损失

D. 停工期间，发包人要求承包人留在工地的保卫人员费用

31. 因不可抗力造成的损失，应由承包人承担的情形是(　　)。

A. 因工程损害导致第三方财产损失　　B. 运至施工场地用于施工材料的损失

C. 承包人的停工损失　　D. 工程所需清理费用

32. ★【2020 年浙江】根据《标准施工招标文件》规定，合同双方发生争议采用争议评审的，除专用合同条款另有约定外，争议评组应在(　　)内做出书面评审意见。

A. 收到争议评审申请报告后 28 天　　B. 收到被申请人答辩报告后 28 天

C. 争议调查会结束后 14 天　　D. 收到合同双方报告后 14 天

33. ★【2020 年陕西】根据《建设项目工程总承包合同（示范文本）》，合同约定由承包人向发包人提交履约保函时，发包人应向承包人提交(　　)保函。

A. 履约　　B. 预付款

C. 支付　　D. 变更

34. ★【2019 年陕西】按照建设工程公开招标程序，下列工作中最先进行的是(　　)。

A. 资格审查　　B. 编制招标文件
C. 发布招标公告　　D. 履行审批手续

35. ★【2019 年陕西】根据《建设工程施工合同（示范文本）》GF—2017—0201，工程缺陷责任期最长不超过(　　)个月。

A. 6　　B. 12
C. 24　　D. 36

36. ★【2019 年陕西】根据《招标投标法》《招标投标法实施条例》的规定，下列项目中可以不进行招标的项目是(　　)。

A. 抢险救灾项目　　B. 使用世界银行贷款的项目
C. 新建大型基础设施项目　　D. 铁路、公路等交通运输

37. ★【2019 年陕西】依法必须进行投标的项目，投标人应当自收到评标报告日起 3 日内公布中标候选人，公示期不得少于(　　)日。

A. 2　　B. 3
C. 4　　D. 5

38. ★【2019 年陕西】关于施工合同文件的优先顺序，正确的是(　　)。

A. 图纸、中标通知书、合同协议书、专用合同条款
B. 合同协议书、中标通知书、专用合同条款、图纸
C. 图纸、合同协议书、专用合同条款、中标通知书
D. 中标通知书、专用合同条款、合同协议书、图纸

39. ★【2019 年陕西】根据《建设工程施工合同（示范文本）》GF—2017—0201，除专用合同条款另有规定外，预付款扣回的方式是(　　)。

A. 在进度付款中按比例扣回　　B. 在进度付款中等额扣回
C. 在第一次进度款中全额扣回　　D. 在最后一次进度款中全额扣回

40. ★【2020 年江西】建筑政府发承包双方明确约定工程造价的文件为(　　)。

A. 招标文件　　B. 投标文件
C. 合同文件　　D. 中标通知书

41. ★【2020 年江西】国有资金控股或主导地位的建设项目，可以邀请招标的情况有(　　)。

A. 技术简单　　B. 技术复杂且潜在投标人少
C. 无特殊要求　　D. 潜在投标人多的

42. ★【2020 年陕西】国际上广泛采用的发包人择优选择工程承包人的交易方式是(　　)。

A. 直接委托　　B. 协议约定
C. 竞争性谈判　　D. 招标投标

43. ★【2020 年陕西】可以不进行施工招标的工程项目是(　　)。

A. 部分使用国家融资的项目　　B. 使用国际组织援助资金的项目
C. 新能源基础设施项目　　D. 抢险救灾项目

44. ★【2020 年陕西】下列施工合同文件中解释顺序最为优先的是(　　)。

A. 合同协议书　　B. 中标通知书

C. 专用合同条款　　D. 通用合同条款

45. ★【2020年陕西】关于招标人公布招标最高限价的说法，正确的是(　　)。

A. 公布总价和各组成部分详细内容　　B. 只公布总价

C. 只公布各组成部分详细内容　　D. 公布总价或各组成部分详细内容

46. ★【2020年陕西】关于建设工程质量缺陷责任期的说法，正确的是(　　)。

A. 一般为两年，从工程预验收合格之日起算

B. 一般为两年，从工程通过竣工验收之日起算

C. 一般为一年，从工程预验收合格之日起算

D. 一般为一年，从工程通过竣工验收之日起算

47. ★【2020年浙江】《招标投标法》规定，招标人应当确定投标人编制投标文件所需要的合理时间，依法必须进行招标的项目，自投标文件开始发出之日起至投标人提交投标文件截止之日止，最短不得少于(　　)日。

A. 10　　B. 15

C. 20　　D. 25

48. ★【2020年浙江】当招标文件中分部分项工程清单项目特征与设计图纸不符时，投标人应(　　)。

A. 以清单的项目特征描述为准，确定综合单价

B. 以设计图纸为准，确定综合单价

C. 与招标人按照实际施工的项目特征，重新约定综合单价

D. 书面通知招标人，暂时不填列该清单项目综合单价

49. ★【2020年浙江】投标报价活动的核心工作是(　　)。

A. 市场询价　　B. 详细估价及报价

C. 确定投标策略　　D. 复核工程量

50. ★【2020年浙江】根据《建设工程质量保证金管理办法》规定，缺陷责任期一般为1年，最长不超过(　　)年，由发承包双方在合同中约定。

A. 2　　B. 3

C. 5　　D. 10

51. ★【2021年北京】由于发包人原因导致工程无法按规定期限竣工验收的，在承包人提交竣工验收报告一定期限内，工程自动进入缺陷责任期，一定期限为(　　)天。

A. 30　　B. 60

C. 90　　D. 120

52. ★【2021年甘肃】安全文明施工费支付正确的是(　　)。

A. 开工前14天内　　B. 开工后14天内

C. 开工前28天内　　D. 开工后28天内

53. ★【2021年甘肃】依法必须进行招标的项目，自招标文件发出之日起至投标人递交投标文件截止之日止，最短不少于(　　)日。

A. 15　　B. 20

C. 28　　D. 30

54. ★【2021年甘肃】招标人对已发出的招标文件进行必要的修改应在截止时间

(　　)日之前。

A. 7　　B. 14

C. 15　　D. 28

55. ★【2021 年甘肃】投标保证金一般不得超过项目估算价的(　　)，且不超过 80 万。

A. 1%　　B. 2%

C. 3%　　D. 5%

二、多项选择题

(每题的备选项中，有 2 个或 2 个以上符合题意，至少有 1 个错项)

1. 评标办法可选择经评审的(　　)。

A. 最低投标价法　　B. 综合比较法

C. 总费用最低法　　D. 综合评估法

E. 最高投标价法

2. 下列评标时所遇情形中，评标委员会应当否决其投标的是(　　)。

A. 投标文件中大写金额与小写金额不一致

B. 投标报价低于成本或者高于招标文件设定的最高投标限价

C. 投标文件中总价金额与依据单价计算出的结果不一致

D. 投标文件未经投标单位盖章和单位负责人签字

E. 对不同文字文本投标文件的解释有异议的

3. 关于施工招标工程的履约担保，下列说法正确的是(　　)。

A. 中标人应在签订合同后向招标人提交履约担保

B. 履约担保的有效期自合同生效之日起至起合同约定的中标人主要义务履行完毕止

C. 履约保证金不得超过中标合同金额的 5%

D. 招标人仅对现金形式的履约担保，向中标人提供工程款支付担保

E. 发包人应在工程接收证书颁发后 28 天内将履约保证金退还给承包人

4. 下列一定需要招标的项目是(　　)。

A. 施工单项合同估算价为 450 万元人民币

B. 重要设备、材料等货物的采购，单项合同估算价为 150 万元人民币

C. 勘察、设计、监理等服务的采购，单项合同估算价为 120 万元人民币

D. 施工单项合同估算价为 300 万元人民币

E. 勘察、设计、监理等服务的采购，单项合同估算价为 80 万元人民币

5. 关于履约担保，下列说法正确的是(　　)。

A. 履约担保可以用现金、支票、汇票、银行保函形式但不能单独用履约担保书

B. 履约保证金不得超过中标合同金额的 10%

C. 中标人不按期提交履约担保的视为废标

D. 招标人要求中标人提供履约担保的，招标人应同时向中标人提供工程款支付担保

E. 履约保证金的有效期需保持至工程接收证书颁发之时

6. 根据我国现行施工招标投标管理规定，投标有效期的确定一般应考虑的因素是(　　)。

A. 投标报价需要的时间　　B. 组织评标需要的时间
C. 确定中标人需要的时间　　D. 签订合同需要的时间
E. 提交履约保证金需要的时间

7. 根据《标准施工招标文件》的规定，下列有关施工招标的说法正确的是(　　)。

A. 当进行资格预审时，招标文件中应包括招标邀请书
B. 资格预审的方法可分为合格制或有限数量制
C. 投标人对投标文件有疑问时，应在规定时间内以电话、电报等方式要求招标人澄清
D. 按照规定应编制最高投标限价的项目，其控制价应在开标时一并公布
E. 初步评审可选择最低投标价法和综合评估法

8. 关于投标文件的编制与递交，下列说法正确的是(　　)。

A. 投标函附录中可以提出比招标文件要求更能吸引招标人的承诺
B. 当投标文件的正本与副本不一致时以正本为准
C. 允许递交备选投标方案时，所有投标人的备选方案应同等对待
D. 在要求提交投标文件的截止时间后送达的投标文件为无效的投标文件
E. 境内投标人以现金形式提交的投标保证金应当出自投标人的基本账户

9. 在评标工作的初步评审阶段，投标文件的形式评审的内容包括(　　)。

A. 报价构成的合理性
B. 投标人名称与营业执照、资质证书、安全生产许可证一致
C. 环境保护管理体系与措施
D. 投标函上有法定代表人或其委托代理人签字或加盖单位章
E. 报价唯一，即只能有一个有效报价

10. 下列各项内容属于响应性评审标准的是(　　)。

A. 安全生产许可证的有效性
B. 施工方案与技术措施的标准性
C. 投标保证金应符合招标文件的有关要求
D. 投标有效期应符合招标文件的有关要求
E. 已标价工程量清单的有关要求

11. 下列关于施工标段划分的说法，正确的是(　　)。

A. 标段划分多，业主协调工作量小
B. 承包单位管理能力强，标段划分宜多
C. 业主管理能力有限，标段划分宜少
D. 标段划分少，会减少投标者数量
E. 标段划分多，有利于施工现场布置

12. ★【2020年陕西】根据《标准施工招标文件》中的合同条款，签约合同价包含的内容有(　　)。

A. 变更价款　　B. 暂列金额
C. 索赔费用　　D. 结算价款
E. 暂估价

13. ★【2019年陕西】根据《招标投标法》的规定，招标方式分为(　　)。

A. 公开招标　　B. 邀请招标

C. 议标　　D. 谈判招标

E. 磋商招标

14. ★【2019年陕西】下列投标报价的一般规定中，正确的有(　　)。

A. 投标报价可以由投标人自己编制

B. 投标人只能委托具有相应资质的工程造价咨询人编制投标报价

C. 投标报价不得低于工程成本

D. 投标人可以依据计价规范的规定自主确定投标报价

E. 投标人可以按自拟清单填报价格

15. ★【2020年陕西】施工投标文件中的施工方案包括(　　)。

A. 劳动力计划　　B. 施工进度计划

C. 施工方法　　D. 施工顺序

E. 施工机械设备的选择

16. ★【2020年陕西】关于招标最高限价中其他项目费计价规定的说法，正确的有(　　)。

A. 暂列金额应按投标工程量清单中列出的金额填写

B. 暂估价中的材料、工程设备单价应按照招标工程量清单中列出的单价计入综合单价

C. 暂估价中的专业工程金额应按招标工程量清单中列出的金额填写

D. 计日工中的人工、材料、机械以“项”的形式计列

E. 总承包服务费应按照省级或行业建设主管部门的规定计算

17. ★【2020年浙江】招标文件是指导整个招标投标工作全过程的纲领性文件。根据《标准施工招标文件》，下列关于施工招标文件的说法，正确的有(　　)。

A. 投标人须知主要包括项目概况的介绍和招标过程的各种具体要求

B. 当采用资格预审的公开招标时，招标文件中应包括投标邀请书

C. 招标人要求递交投标保证金的，投标保证金不得超过招标项目估算价的10%

D. 招标文件不得说明评标委员会的组建方法

E. 招标文件应明确评标办法

答案与解析

一、单项选择题

1. A；　2. C；　3. B；　4. B；　5. C；　6. B；　7. B；　8. A；　9：C；　10. D；
11. B；　12. C；　13. D；　14. C；　15：C；16. A；　17. C；　18. D；　19. D；　20. B；
21. B；　22. D；　23. A；　24. B；　25. D；　26. B；　27. D；　28. B；　29. D；　30. C；
31. C；　32. C；　33. C；　34. D；　35. C；　36. A；　37. B；　38. B；　39. A；　40. C；
41. B；　42. D；　43. D；　44. A；　45. A；　46. D；　47C；　48. A；　49. B；　50. A；
51. C；　52. D；　53. B；　54. C；　55. B。

二、多项选择题

1. AD； 2. BD； 3. BE； 4. AC； 5. BDE； 6. BCD 7. ABD； 8. ABDE； 9. BDE； 10. CDE；11. CD； 12. BE； 13. AB； 14. ACD；15. CDE； 16. ABCE； 17. ABE。

单选题解析

多选题解析

第 2 节　工程量清单编制

一、单项选择题（每题的备选项中，只有 1 个最符合题意）

1. 招标方编制工程量清单时有下列工作：①确定项目编码；②研究招标文件，确定清单项目名称；③确定计量清单；④计算工程数量；⑤确定项目特征，正确的顺序是(　　)。

A. ①②③④⑤　　B. ①②⑤③④
C. ②③⑤④①　　D. ②①⑤③④

2. 根据《建设工程工程量清单计价规范》GB 50500—2013，一般情况下编制最高投标限价采用的材料优先选用(　　)。

A. 招标人的材料供应商提供的材料单价
B. 近三个月当地已完工程材料结算单价的平均值
C. 工程造价管理机构通过工程造价信息发布的材料单价
D. 当时当地市场的材料单价

3. 采用工程量清单方式招标，工程量清单必须作为招标文件的组成部分，其正确性和完整性由(　　)负责。

A. 投标人　　B. 造价咨询人
C. 招标人和投标人共同　　D. 招标人

4. 下列关于工程量清单的说法，正确的是(　　)。

A. 工程量清单是招标文件的重要组成部分
B. 工程量清单的表格格式不作要求
C. 工程量清单不含有措施项目
D. 在招标人同意的情况下，工程量清单可以由投标人自行编制

5. 在分部分项工程量清单的编制过程中，由招标人负责前(　　)项内容填列。

A. 三　　B. 四
C. 五　　D. 六

6. 关于招标工程量清单中其他项目清单的编制，下列说法正确的是(　　)。

A. 投标人情况、发包人对工程管理要求对其内容会有直接影响

B. 暂列金额可以只列总额，但不同专业预留的暂列金额应分别列项

C. 专业工程暂估价应包括利润、规费和税金

D. 计日工的暂定数量可以由投标人填写

7. 根据《建设工程工程量清单计价规范》GB 50500—2013，工程招标投标时，招标工程量清单应由(　　)负责提供。

A. 工程招标代理机构　　B. 工程设计单位

C. 招标投标管理部门　　D. 招标人

8. 根据《建筑工程工程量清单计价规范》GB 50500—2013，分部分项工程量清单中，确定综合单价的依据是(　　)。

A. 计量单位　　B. 项目特征

C. 项目编码　　D. 项目名称

9. 根据《建设工程工程量清单计价规范》GB 50500—2013 编制的工程量清单中，某分部分项工程的项目编码为 010302004005，则“01”的含义是(　　)。

A. 分项工程顺序码　　B. 分部工程顺序码

C. 专业工程顺序码　　D. 工程分类顺序码

10. 根据《建设工程工程量清单计价规范》GB 50500—2013，下列关于工程量清单编制的说法，正确的是(　　)。

A. 同一招标工程的项目编码不能重复

B. 措施项目都应该以“项”为计量单位

C. 所有清单项目的工程量都应以实际施工的工程量为准

D. 暂估价是用于施工中可能发生工程变更时的工程价款调整的费用

11. 根据《建设工程工程量清单计价规范》GB 50500—2013，发承包双方进行工程竣工结算时的工程量应按(　　)计算确定。

A. 招标文件中标明的工程量

B. 发承包双方在合同中约定应予计量且实际完成的工程量

C. 发承包双方在合同中约定的工程量

D. 工程实体量与耗损量之和

12. 招标人编制最高投标限价与投标人报价的共同基础是(　　)。

A. 工料单价

B. 综合单价

C. 按拟采用施工方案计算的工程量

D. 工程量清单标明的工程量

13. 在《建设工程工程量清单计价规范》GB 50500—2013 中，其他项目清单一般包括(　　)。

A. 预备金、分包费、材料费、机械使用费

B. 暂列金额、暂估价、总承包服务费、计日工

C. 总承包管理费、材料购置费、预留金、风险费

D. 暂列金额、总承包费、分包费、计日工

14. 根据《建设工程工程量清单计价规范》GB 50500—2013，分部分项工程量清单项目编码以五级编码设置，采用十二位阿拉伯数字表示，应根据拟建工程的工程量清单项目名称和项目特征设置的是第(　　)位。

A. 三至四　　B. 五至六

C. 七至九　　D. 十至十二

15. 根据《建设工程工程量清单计价规范》GB 50500—2013，某工程项目的钢筋由发包人与承包人一起招标采购，编制招标工程量清单时，招标人将 HR335 钢筋暂估价定为 4200 元/t，已知市场平均价格为 3650 元/t。若甲投标人自行采购，其采购单价低于市场平均价格，则甲投标人在投标报价时 HR335 钢筋应采用的单价是(　　)。

A. 甲投标人自行采购价格　　B. 4200 元/t

C. 预计招标采购价格　　D. 3650 元/t

16. 关于工程量清单计价适用范围，下列说法正确的是(　　)。

A. 达到或超过规定建设规模的工程，必须采用工程量清单计价

B. 达到或超过规定建设数额的工程，必须采用工程量清单计价

C. 国有资金占投资总额不足 50%的建设工程发承包，不必采用工程量清单计价

D. 不采用工程量清单计价的建设工程，应执行计价规范中除工程量清单等专门性规定以外的规定

17. 在工程量清单中，最能体现分部分项工程项目自身价值的是(　　)。

A. 项目特征　　B. 项目编码

C. 项目名称　　D. 项目计量单位

18. 某分部分项工程的清单编码为 020301008001，则该专业工程的代码为(　　)。

A. 02　　B. 03

C. 01　　D. 008

19. 对于没有具体数量的清单项目，通常选用的计量单位是(　　)。

A. 个　　B. 组

C. 项　　D. 樘

20. 根据《建设工程工程量清单计价规范》GB 50500—2013，下列关于分部分项工程项目清单的说法，正确的是(　　)。

A. 第三级编码为分部工程顺序码，由三位数字表示

B. 第五级编码应根据拟建工程的工程量清单项目名称设置，不得重码

C. 同一标段含有多个单位工程，不同单位工程中项目特征相同的工程应采用相同编码

D. 补充项目编码以“B”加上计量规范代码后跟三位数字表示

21. 在工程量清单中，(　　)是对项目的准确描述，是确定一个清单项目综合单价不可缺少的重要依据。

A. 项目计量单位　　B. 项目编码

C. 项目名称　　D. 项目特征

22. 分部分项工程量清单是指表示拟建工程分项实体工程项目名称和相应数量的明细

清单，应包括的要件是(　　)。

A. 项目编码、项目名称、计量单位和工程量

B. 项目编码、项目名称、项目特征和工程量

C. 项目编码、项目名称、项目特征、计量单位和工程单价

D. 项目编码、项目名称、项目特征、计量单位和工程量

23.《建设工程工程量清单计价规范》GB 50500—2013 规定，分部分项工程量清单项目编码的第二级为表示(　　)。

A. 分项工程名称顺序码　　B. 附录分类顺序码

C. 分部工程顺序码　　D. 专业工程代码

24. 分部分项工程量清单项目编码中第三级编码是(　　)。

A. 分部工程顺序码　　B. 分项工程项目名称顺序码

C. 工程量清单项目名称顺序码　　D. 专业工程顺序码．

25. 招标工程量清单是招标文件的组成部分，其准确性由(　　)负责。

A. 招标代理机构

B. 招标人

C. 编制工程量清单的造价咨询机构

D. 招标工程量清单的编制人

26. 除另有说明外，分部分项工程量清单表中的工程量应等于(　　)。

A. 实体工程量

B. 实体工程量＋施工损耗

C. 实体工程量＋施工需要增加的工程量

D. 实体工程量＋措施工程量

27. 根据《建设工程工程量清单计价规范》GB 50500—2013 的规定，分部分项工程量清单项目编码以五级编码设置，各级编码的设置宽度为(　　)。

A. 2—3—2—3—3　　B. 3—3—2—2—2

C. 2—3—3—2—3　　D. 2—2—2—3—3

28. 针对总价措施项目清单的编制，下列说法不正确的是(　　)。

A. “计算基础”中安全文明施工费可为“定额基价”“定额人工费”或“定额人工费＋定额施工机具使用费”

B. “计算基础”中除安全文明施工费之外的其他项目应为“定额人工费”

C. 按施工方案计算的措施费，可只填“金额”数值，不填“计算基础”和“费率”

D. 按施工方案计算的措施费，应在备注栏说明施工方案出处或计算方法

29. 对于不能计算工程量的措施项目，当按施工方案计算措施费时，若无“计算基础”和“费率”数值，则(　　)。

A. 以定额计价为计算基础，以国家、行业、地区定额中相应的费率计算金额

B. 以“定额人工费＋定额机械费”为计算基础，以国家、行业、地区定额中相应费率计算金额

C. 只填写“金额”数值，在备注中说明施工方案出处或计算方法

D. 备注中说明中计算方法，补充填写“计算基础”和“费率”

30. 下列各项措施项目中，通常可以计算工程量的项目是(　　)。

A. 垂直运输

B. 夜间施工

C. 非夜间施工照明

D. 地上、地下设施、建筑物的临时保护设施

31. 根据《建设工程工程量清单计价规范》GB 50500—2013，一般不作为安全文明施工费计算基础的是(　　)。

A. 定额人工费

B. 定额人工费＋定额材料费

C. 定额人工费＋定额施工机具使用费

D. 定额人工费＋定额材料费＋定额施工机具使用费

32. 措施项目清单编制中，下列适用于以“项”为单位计价的措施项目费是(　　)。

A. 已完工程及设备保护费　　B. 超高施工增加费

C. 大型机械设备进出场及安拆费　　D. 施工排水、降水费

33. 计日工通常适用于在现场发生的(　　)计价。

A. 变更工作　　B. 零星工作

C. 新增工作　　D. 额外工作

34. 专业工程的暂估价一般应是(　　)。

A. 综合暂估价，应当包括管理费、利润、规费、税金等费用

B. 综合暂估价，应当包括除规费和税金以外的管理费利润等费用

C. 综合暂估价，应当包括除规费以外的管理费、利润税金等费用

D. 综合暂估价，应当包括除税金以外的管理费、利润规费等费用

35. 招标人在工程量清单中提供的用于支付必然发生但暂不能确定价格的材料、工程设备的单价及专业工程的金额是(　　)。

A. 暂列金额　　B. 暂估价

C. 总承包服务费　　D. 价差预备费

36. 下列费用项目中，应由投标人确定额度，并计入其他项目清单与计价汇总表中的是(　　)。

A. 暂列金额　　B. 材料暂估价

C. 专业工程暂估价　　D. 总承包服务费

37. 根据《建设工程工程量清单计价规范》GB 50500—2013 的规定，为合同约定调整因素出现时进行工程价款调整而预备的费用，应列入(　　)。

A. 暂列金额　　B. 暂估价

C. 计日工　　D. 措施项目费

38. 根据《建设工程工程量清单计价规范》GB 50500—2013，下列关于计日工的说法正确的是(　　)。

A. 招标工程量清单计日工数量为暂定，计日工费不计入投标总价

B. 发包人通知承包人以计日工方式实施的零星工作，承包人可以视情况决定是否执行

C. 计日工的费用项目包括人工费、材料费、施工机具使用费、企业管理费和利润
D. 计日工金额不列入期中支付，在竣工结算时一并支付

39. 在工程量清单的编制过程中，暂列金额明细表应由(　　)。

A. 招标人填写项目名称，投标人填写金额
B. 招标人填写项目名称和计量单位，投标人填写金额
C. 招标人填写
D. 投标人填写

40. ★【2020年浙江】清单项目的工程量应计算其(　　)。

A. 损耗工程量　　B. 施工工程量
C. 增加的工程量　　D. 实体工程量

41. ★【2019年陕西】按照工程量清单中使用十二位数字来表示项目编码，其中分部工程顺序是(　　)。

A. 一、二位　　B. 五、六位
C. 七、九位　　D. 十、十二位

42. ★【2019年陕西】工程量清单计价方式中，区分清单项目的依据是(　　)。

A. 项目名称　　B. 工程数量
C. 项目特征　　D. 计量单位

43. ★【2020年陕西】关于清单项目和预算定额工程量计算原则的说法，正确的(　　)。

A. 清单项目工程量以设计图示尺寸计算，预算定额工程量以实际施工尺寸计算
B. 清单项目工程量、预算定额工程量均以实际施工尺寸计算
C. 清单项目工程量以实际施工尺寸计算，预算定额工程量以设计图示尺寸计算
D. 清单项目工程量、预算定额工程量均以设计图示尺寸计算

44. ★【2021年北京】暂估价是指招标人在招标文件中提供的用于支付必然发生但暂时不能确定价格的材料、工程设备的单价以及专业工程的金额，包括(　　)。

A. 材料暂估价、工程设备暂估价和专业工程暂估价和暂列金额
B. 材料总价和设备总价
C. 专业工程暂估价和暂列金额
D. 材料、设备暂估价和专业工程暂估价

45. ★【2021年陕西】(　　)是构成分部分项工程项目、措施项目自身价值的本质特征。

A. 工程内容　　B. 施工方案
C. 项目特征　　D. 项目名称

46. ★【2021年陕西】项目编码中可以由编制人自行设置的是(　　)。

A. 1～3位　　B. 4～6位
C. 7～9位　　D. 10～12位

47. ★【2021年陕西】工程量清单必须作为招标文件的组成部分，其准确性和完整性由(　　)负责。

A. 招标人　　B. 投标人

C. 造价咨询人　　D. 监理员

48. ★【2021 年重庆】招标人在招标文件中提供的用于支付尚未确定或者不可预见的材料设备的金额称为(　　)。

A. 暂列金额　　B. 暂估价

C. 按实计算的费用　　D. 总承包服务费

49. ★【2021 年重庆】以下不属于措施项目清单的是(　　)。

A. 安全文明施工费　　B. 夜间施工增加费

C. 二次搬运费　　D. 规费

50. ★【2021 年重庆】在建筑安装工程费用项目的组成中，下列不属于企业管理费的是(　　)。

A. 劳动保护费　　B. 检验试验费

C. 失业保险费　　D. 工具用具使用费

二、多项选择题（每题的备选项中，有 2 个或 2 个以上符合题意，至少有 1 个错项）

1. 投标人在投标报价中填写的工程量清单的(　　)必须与招标人招标文件中提供的一致。

A. 计量单位　　B. 工程数量

C. 施工定额　　D. 项目编码

E. 项目特征

2. 工程量清单作为招标文件的组成部分，主要包括(　　)。

A. 直接项目工程量清单　　B. 间接项目工程量清单

C. 分部分项工程量清单　　D. 措施项目工程量清单

E. 其他项目工程量清单

3. 下列措施项目中，应按分部分项工程量清单编制方式编制的有(　　)。

A. 超高施工增加　　B. 建筑物的临时保护设施

C. 大型机械设备进出场及安拆　　D. 已完工程及设备保护

E. 施工排水、降水

4. 根据《建设工程工程量清单计价规范》GB 50500—2013，在其他项目清单中，应由投标人自主确定价格的有(　　)。

A. 暂列金额　　B. 专业工程暂估价

C. 材料暂估价单价　　D. 计日工单价

E. 总承包服务费

5. 下列费用中，由招标人填写金额，投标人直接计入投标总价的有(　　)。

A. 材料设备暂估价　　B. 专业工程暂估价

C. 暂列金额　　D. 计日工合价

E. 总承包服务费

6. 招标工程量清单是(　　)的依据。

A. 进行工程索赔　　B. 编制项目投资估算

C. 编制最高投标限价　　D. 支付工程进度款

E. 办理竣工结算

7. 招标工程量清单应由(　　)等组成。

A. 分部分项工程量清单　　B. 综合单价分析清单

C. 措施项目清单　　D. 其他项目价格清单

E. 主要材料价格清单

8. 关于工程量清单的编制，下列说法正确的是(　　)。

A. 项目编码以五级全国统一编码设置，用十二位阿拉伯数字表示

B. 项目清单的一、二、三、四级编码为全国统一

C. 编制分部分项工程量清单时，必须对工作内容进行说法

D. 补充项目的编码由计量规范的代码与 B 和三位阿拉伯数字组成

E. 按施工方案计算的措施费，必须写明“计算基础”“费率”的数值

9. 根据《建设工程工程量清单计价规范》GB 50500—2013 关于招标工程量清单中暂列金额的编制，下列说法正确的是(　　)。

A. 应详列其项目名称、计量单位，不列明金额

B. 应列明暂定金额总额，不详列项目名称

C. 一般可按分部分项工程项目清单的 10%～15%确定

D. 不同专业预留的暂列金额应分别列项

E. 没有特殊要求一般不列暂列金额

10. 关于分部分项工程量清单中项目特征的作用，下列说法正确的是(　　)。

A. 项目特征是进行概算审查的依据

B. 项目特征是履行合同义务的基础

C. 项目特征是综合确定各项消耗指标的基本依据

D. 项目特征是确定综合单价的前提

E. 项目特征是区别清单项目的依据

11. 根据《建设工程工程量清单计价规范》GB 50500—2013，关于工程量清单计价的有关要求，下列说法正确的是(　　)

A. 事业单位国有资金投资的建设工程发承包，可以不采用工程量清单计价

B. 使用国有资金投资的建设工程发承包，必须采用工程量清单计价

C. 招标工程量清单应以单位工程为单位编制

D. 工程量清单计价方式下，必须采用单价合同

E. 招标工程量清单的准确性和完整性由清单编制人负责

12. 关于工程量清单及其编制，下列说法正确的是(　　)。

A. 招标工程量清单必须作为投标文件的组成部分

B. 安全文明施工费应列入以“项”为单位计价的措施项目清单中

C. 招标工程量清单的准确性和完整性由其编制人负责

D. 暂列金中包括用于施工中必然发生但暂不能确定价格的材料、设备的费用

E. 计价规范中未列的规费项目，应根据省级政府或省级有关权力部门的规定列项

13. 下列工程项目中，必须采用工程量清单计价的有(　　)。

A. 使用各级财政预算资金的项目

B. 使用国家发行债券所筹资金的项目
C. 国有资金投资总额占 50%以上的项目
D. 使用国家政策性贷款的项目
E. 使用国际金融机构贷款的项目

14. 在分部分项工程量清单编制计算工程量时，应依据的计算原则包括(　　)。

A. 计算口径一致　　B. 按工程量计算规则计算
C. 按图纸计算　　D. 按一定顺序计算
E. 根据工程内容和定额项目计算

15. 下列有关暂列金额的表述，正确的是(　　)。

A. 用于施工合同签订时尚未确定或者不可预见的所需材料、设备、服务的采购
B. 用于施工中可能发生的工程变更、合同约定调整因素出现时的合同价款调整
C. 用于发生的索赔、现场签证确认等的费用
D. 用于支付必然发生但暂时不能确定价格的材料的单价
E. 招标人在工程量清单中暂定但未包括在合同价款中的一笔款项

16. 对于适用于以“项”计价的措施项目，计算基础可为(　　)。

A. 定额基价
B. 定额人工费＋定额材料费
C. 定额机械费
D. 定额人工费
E. 定额人工费＋定额机械费

17. 关于措施项目清单编制依据，下列说法正确的是(　　)。

A. 拟定的招标文件　　B. 其他项目清单
C. 常规施工方案　　D. 与建设工程有关的标准、规范
E. 相关法律法规

18. 关于措施项目工程量清单编制与计价，下列说法正确的是(　　)。

A. 不能计算工程量的措施项目也可以采用分部分项工程量清单方式编制
B. 安全文明施工费按总价方式编制，其计算基础可为“定额基价”“定额人工费”
C. 总价措施项目清单表应列明计量单位、费率、金额等内容
D. 除安全文明施工费外的其他总价措施项目的计算基础可为“定额人工费”
E. 按施工方案计算的总价措施项目可以只需填“金额”数值

19. 为有利于措施费的确定和调整，根据现行工程量计算规范，适宜采用单价措施项目计价的有(　　)。

A. 夜间施工增加费　　B. 二次搬运费
C. 施工排水、降水费　　D. 超高施工增加费
E. 垂直运输费

20. 在分部分项工程量清单编制计算工程量时，应依据的计算原则包括(　　)。

A. 计算口径一致　　B. 按工程量计算规则计算
C. 按图纸计算　　D. 按一定顺序计算
E. 根据工程内容和定额项目计算

21. 关于分部分项工程量清单的编制，下列说法正确的是(　　)。

A. 以清单计算规范附录中的名称为基础，结合具体工作内容补充细化项目名称

B. 清单项目的工作内容在招标工程量清单的项目特征中加以描述

C. 有两个或两个以上计量单位时，选择最适宜表现项目特征并方便计量的单位

D. 除另有说明外，清单项目的工程量应以实体工程量为准，各种施工中的损耗和需要增加的工程量应在单价中考虑

E. 在工程量清单中应附补充项目名称、项目特征、计量单位和工程量

22. 根据《建设工程工程量清单计价规范》GB 50500—2013，关于分部分项工程量清单的编制，下列说法正确的有(　　)。

A. 以重量计算的项目，其计量单位应为吨或千克

B. 以吨为计量单位时，其计算结果应保留三位小数

C. 以立方米为计量单位时，其计算结果应保留三位小数

D. 以千克为计量单位时，其计算结果应保留一位小数

E. 以“个”“项”为单位的，应取整数

23. ★【2020 年重庆】措施项目清单的编制依据主要包括(　　)。

A. 地勘水文资料　　B. 常规施工方案

C. 措施费的计算基础　　D. 拟定的招标文件

E. 建设工程设计文件

24. ★【2019 年陕西】编写工程量清单中的项目特征时，下列内容属于必须描述的有(　　)。

A. 外运土的具体运距　　B. 混凝土的种类和强度等级

C. 金属构件的材质　　D. 抹灰面油漆的基层类型

E. 混凝土拌合料使用的石子粒径

25. ★【2020 年陕西】工程量清单的组成包括分部分项工程量清单、措施项目清单、其他项目清单、(　　)项目清单。

A. 利润　　B. 企业管理费

C. 附加税　　D. 规费

E. 税金

26. ★【2020 年陕西】下列实体项目清单中，除本身外一般还可综合其他内容的有(　　)。

A. 挖基础土方　　B. 屋面防水

C. 楼地面　　D. 门窗

E. 钢筋

27. ★【2021 年湖北】编制措施项目清单项时，可以精准计算工程量的措施项目有(　　)。

A. 二次搬运　　B. 垂直运输

C. 夜间施工　　D. 施工排水、降水

E. 脚手架工程

28. ★【2021 年湖北】根据《建设工程工程量清单计价规范》GB 50500—2013 规定，不得作为竞争性费用的是(　　)。

A. 暂列金额　　　　　　　　B. 安全文明施工费
C. 计日工　　　　　　　　　D. 规费
E. 税金

29. ★【2021 年浙江】可采用分部分项工程项目清单方式编制的措施项目有(　　)。

A. 混凝土模板及支架　　　　B. 二次搬运
C. 垂直运输　　　　　　　　D. 超高施工增加
E. 冬雨期施工

答案与解析

一、单项选择题

1. B；　2. C；　3. D；　4. A；　5. D；　6. B；　7. D；　8. B；　9. C；　10. A；
11. B；　12. D；　13. B；　14. D；　15. B；　16. D；　17. A；　18. A；　19. C；　20. B；
21. D；　22. D；　23. B；　24. A；　25. B；　26. A；　27. D；　28. B；　29. C；　30. A；
31. B；　32. A；　33. B；　34. B；　35. B；　36. D；　37. A；　38. C；　39. C；　40. D；
41. B；　42. C；　43. A；　44. D；　45. C；　46. D；　47. A；　48. A；　49. D；　50. C。

二、多项选择题

1. ABDE；　2. CDE；　3. ACE；　4. DE；　5. ABC；　6. ACDE；　7. ACD；
8. BD；　9. CD；　10. BDE；　11. BC；　12. BE；　13. ABCD；　14. ABCD；
15. ABC；　16. ADE；　17. ACD；　18. BD；　19. CDE；　20. ABCD；　21. CD；
22. ABE；　23. ABDE；　24. BCDE；　25. DE；　26. ABCD；　27. BDE；　28. BDE；
29. ACD。

单选题解析

多选题解析

第 3 节　最高投标限价编制

一、单项选择题（每题的备选项中，只有 1 个最符合题意）

1. 在工程量清单计价模式下，单位工程最高投标限价计价表不包括的项目是(　　)。

A. 措施项目　　　　　　　　B. 直接费
C. 其他项目　　　　　　　　D. 规费

2. 根据《建设工程工程量清单计价规范》GB 50500—2013，某工程在 2018 年 5 月 15 日发布招标公告，规定投标文件提交截止日期为 2018 年 6 月 15 日，在 2018 年 6 月 6 日招标人公布了修改后的最高投标限价（没有超过批准的投资概算）。对此情况招标人应采

取的做法是(　　)。

A. 将投标文件提交的截止日期仍确定为 2018 年 6 月 15 日

B. 将投标文件提交的截止日期延长到 2018 年 6 月 18 日

C. 将投标文件提交的截止日期延长到 2018 年 6 月 21 日

D. 宣布此次招标失败，重新组织招标

3. 某工程采用工程量清单计价，施工过程中，业主将屋面防水变更为 PE 高分子防水卷材（1.5mm），清单中无类似项目，工程所在地造价管理机构发布该卷材单价为 18 元/m²，该地区定额人工费为 3.5 元/m²，机械使用费为 0.3 元/m²，除卷材外的其他材料费为 0.6 元/m²，管理费和利润为 1.2 元/m²。若承包人报价浮动率为 6%，则发承包双方协商确定该项目综合单价的基础为(　　)元/m²。

A. 25.02　　　　B. 23.60

C. 22.18　　　　D. 21.06

4. 某施工企业投标一个单独招标的分部分项工程项目，招标清单工程量为 3000m³。经测算，该分部分项工程直接消耗人、料、机费用（不含增值税进项税额）为 300 万元，管理费为 45 万元，利润为 40 万元，风险费用为 3 万元，措施费（不含增值税进项税额）为 60 万元（其中：安全文明施工费为 15 万元），规费为 30 万元，税金为 10 万元。不考虑其他因素，根据《建设工程工程量清单计价规范》GB 50500—2013，关于该工程投标报价的说法，正确的是(　　)。

A. 综合单价为 1293.33 元/m³

B. 为了中标，可将综合单价确定为 990.00 元/m³

C. 若竞争激烈，标书可将各项费用下调 10%

D. 投标总价为 458.00 万元

5. 关于最高投标限价的相关规定，下列说法正确的是(　　)。

A. 国有资金投资的工程建设项目，应编制最高投标限价

B. 最高投标限价应在招标文件中公布，仅需公布总价

C. 最高投标限价超过批准概算 3%以内时，招标人不必将其报原概算审核部门审核

D. 当最高投标限价复查结论超过原公布的最高投标限价 3%以内时，应责成招标人改正

6. 关于最高投标限价，下列说法正确的是(　　)。

A. 招标人不得拒绝高于最高投标限价的投标报价

B. 利润可按建筑施工企业平均利润率计算

C. 最高投标限价超过批准概算 10%时，应报原概算审批部门审核

D. 经复查的最高投标限价与原最高投标限价误差大于±3%的应责成招标人改正

7. 根据《建设工程工程量清单计价规范》GB 50500—2013 中对最高投标限价的相关规定，下列说法正确的是(　　)。

A. 最高投标限价公布后根据需要可以上浮或下调

B. 招标人可以只公布最高投标限价总价，也可以只公布单价

C. 最高投标限价可以在招标文件中公布，也可以在开标时公布

D. 高于最高投标限价的投标报价应被拒绝

8. 根据《建设工程工程量清单计价规范》GB 50500—2013，下列关于最高投标限价的表述正确的是(　　)。

A. 最高投标限价不能超过批准的概算

B. 投标报价与最高投标限价的误差超过±3%时，应予拒绝

C. 最高投标限价不应在招标文件中公布，应予保密

D. 工程造价咨询人不得同时编制同一工程的最高投标限价和投标报价

9. 编制最高投标限价过程中，当进行分部分项工程费的综合单价组价时，对于未计价材料费处理正确的是(　　)。

A. 汇总各定额项目合价后单独计算

B. 不计入综合单价

C. 计入定额项目合价

D. 作为暂估价计入其他项目费

10. 其他项目清单中，一般可以分部分项工程费的10%～15%为参考的项目是(　　)。

A. 暂列金额　　B. 计日工

C. 总承包服务费　　D. 暂估价

11. 招标人仅要求对分包的专业工程进行总承包管理和协调的，总承包服务费按分包的专业工程估算造价的(　　)计算。

A. 1%　　B. 1.5%

C. 2%　　D. 2.5%

12. 下列关于最高投标限价及其编制的说法，正确的是(　　)。

A. 综合单价中应不考虑投标人承担的风险费用

B. 招标人供应的材料，总承包服务费应按材料价值的1.5%计算

C. 措施项目应按招标文件中提供的措施项目清单确定

D. 暂列金额一般以分部分项工程费的5%～10%为参考

13. 编制最高投标限价时，下列关于综合单价的确定方法，错误的是(　　)。

A. 工程量清单综合单价＝∑定额项目合价/工程量清单项目工程量，不考虑未计价材料费用

B. 工程设备、材料价格的市场风险，考虑一定率值的风险费用，纳入到综合单价中

C. 税金、规费等法律、法规、规章和政策变化风险和人工单价等风险费用，不应纳入综合单价

D. 综合单价中应包括暂估价中的材料和工程设备暂估单价

14. 在编制最高投标限价的其他项目费时，若招标人要求对分包的专业工程进行总承包管理和协调，则其他项目费的计算标准是(　　)。

A. 分部分项工程费的1.5%

B. 分部分项工程费的3%～5%

C. 分包的专业工程估算造价的1.5%

D. 分包的专业工程估算造价的 3%～5%

15. 暂估价中的材料单价应按照(　　)发布的工程造价信息中的材料单价计算。

A. 企业

B. 住房和城乡建设部

C. 工程造价管理机构

D. 国家或省级、行业建设主管部门

16. 最高投标限价中的暂列金额，通常应以(　　)为计算基数。

A. 分部分项工程费与可计量措施项目费

B. 分部分项工程费与措施项目费

C. 分部分项工程费、措施项目费和其他项目费

D. 分部分项工程费

17. 在最高投标限价的编制过程中，暂列金额通常应以(　　)为参考。

A. 分部分项工程费与措施费总额的 10%～15%

B. 分部分项工程费的 10%～15%

C. 分部分项工程费与措施费总额的 15%～20%

D. 分部分项工程费的 15%～20%

18. 在最高投标限价中其他项目费编制时，以下各项内容中属于暂列金额估算时需考虑的因素是(　　)。

A. 信息价

B. 市场调查价格

C. 招标人要求承包人提供的服务内容

D. 工期长短

19. 确定最高投标限价中的计日工时，下列说法正确的是(　　)。

A. 材料应按工程造价管理机构发布的工程造价信息中的材料单价计算

B. 材料应按工程造价管理机构发布的工程造价信息中的材料单价计算，并考虑管理费和利润

C. 材料应按市场调查确定的单价计算

D. 材料应按市场调查确定的单价计算，并考虑管理费和利润

20. 最高投标限价中暂列金额一般按分部分项工程费的一定比率参考计算，这一比率的范围是(　　)。

A. 3%～5%　　B. 5%～10%

C. 10%～15%　　D. 15%～20%

21. 根据《建设工程工程量清单计价规范》GB 50500—2013，关于最高投标限价的编制要求，下列说法正确的是(　　)。

A. 应依据投标人拟定的施工方案进行编制

B. 应包括招标文件中要求招标人承担风险的费用

C. 应由招标工程量清单编制单位负责编制

D. 应使用行业和地方的计价定额与相关文件计价

22. 编制最高投标限价的暂估价时，材料单价应优先选择(　　)。

A. 市场价格

B. 工程造价信息中的材料单价

C. 市场调查确定的单价

D. 区分不同专业按有关计价规定估算

23. 在招标投标过程中，当出现招标文件中分部分项工程量清单特征描述与设计图纸不符时，投标人应以(　　)的项目特征描述为准，确定投标报价的综合单价。

A. 措施项目清单与计价表

B. 分部分项工程量清单

C. 其他项目清单与计价汇总表

D. 规费、税金项目清单与计价表

24. 关于最高投标限价及其编制，下列说法正确的是(　　)。

A. 综合单价中包括应由招标人承担的风险费用

B. 招标人供应的材料，总承包服务费应按材料价值的1.5%计算

C. 措施项目费按招标文件中提供的措施项目清单确定

D. 招标文件提供暂估价的主要材料，其主材费用应计入其他项目清单费用

25. ★【2020年浙江】关于最高投标限价的编制，下列说法正确的是(　　)。

A. 招标人有权自行决定是否采用标底编制最高投标限价

B. 采用标底的，招标人有权决定是否在招标文件中公开

C. 采用最高投标限价的，招标人应在招标文件中明确最高投标限价，也可规定最低投标限价

D. 公布最高投标限价时，还应公布各单位工程的分部分项工程费、措施项目费、其他项目费、规费和增值税

二、多项选择题

(每题的备选项中，有2个或2个以上符合题意，至少有1个错项)

1. 根据《建设工程工程量清单计价规范》GB 50500—2013，下列关于国有资金的投资项目最高投标限价的说法，正确的是(　　)。

A. 最高投标限价可以在公布后上调或下浮

B. 最高投标限价是对招标工程限定的最高限价

C. 最高投标限价的作用与标底完全相同

D. 最高投标限价超过批准的概算时，招标人应将最高投标限价及有关资料报送工程所在地工程造价管理机构备查

E. 将其报原概算审批部门审核投标人的投标报价高于最高投标限价的，其投标应予以拒绝

2. 根据《建设工程工程量清单计价规范》GB 50500—2013，下列关于单价项目中风险及其费用的说法，正确的是(　　)。

A. 对于招标文件中要求投标人承担的风险，投标人应在综合单价中给予考虑

B. 投标人在综合单价中考虑风险费时通常以风险费率的形式进行计算

C. 招标文件中没有提到的风险，投标人在综合单价中不予考虑

D. 对于风险范围和风险费用的计算方法应在专用合同条款中作出约定

E. 施工中出现的风险内容及其范围在招标文件规定的范围内时，综合单价不得变动

3. 下列关于招标工程量清单的描述，说法正确的是(　　)。

A. 招标工程量清单是招标文件的组成部分，可以由招标人委托的工程造价咨询人编制

B. 招标人对工程量清单中各分部分项工程工程量的准确性和完整性负责

C. 由于措施项目投标人可自行选择，因此招标人无须对措施项目工程量的准确性和完整性负责

D. 招标工程量清单编制前也要进行现场踏勘

E. 招标工程量清单编制时需进行先进施工组织设计方案的编制，以提高施工水平

4. 编制最高投标限价中的分部分项工程费时，有关综合单价的组价过程，下列表述中正确的是(　　)。

A. 将若干项所组价的定额项目合价相加，便得到工程量清单项目综合单价

B. 综合单价应按照招标人发布的分部分项工程量清单的项目名称、工程量、项目特征描述，依据工程所在地区颁发的计价定额和人工、材料、机具台班价格信息等进行组价确定。

C. 在考虑风险因素确定管理费率和利润率的基础上，按规定程序计算出所组价定额项目的合价

D. 对于未计价材料费（包括暂估单价的材料费）应计入综合单价

E. 税金、规费等法律、法规、规章和政策变化的风险和人工单价等风险费用应纳入综合单价

5. 根据《建设工程工程量清单计价规范》GB 50500—2013，最高投标限价中综合单价应考虑的风险因素包括(　　)。

A. 项目管理的复杂性　　B. 项目的技术难度

C. 人工单价的市场变化　　D. 材料价格的市场风险

E. 税金、规费的政策变化

6. 下列关于最高投标限价编制说法，正确的是(　　)。

A. 暂列金额一般可以分部分项工程费的 10%～15%为参考

B. 措施项目费中的安全文明施工费应当按照国家或省级、行业建设主管部门的规定标准计价，不得作为竞争性费用

C. 拟定的招标文件及招标工程量清单是最高投标限价的编制依据之一

D. 建设工程的最高投标限价反映的是单项工程费用

E. 综合单价中应包括招标文件中要求投标人所承担的风险内容及其范围（幅度）产生的风险费用

7. ★【2020 年浙江】有关最高投标限价中其他项目费的编制要求，下列说法正确的是(　　)。

A. 计日工中的施工机械台班单价按工程造价管理机构公布的单价计算

B. 总承包服务费应按照省级或行业建设主管部门的规定计算

C. 招标人自行供应材料的，总承包服务费按招标人供应材料价值的 1%计算

D. 计日工中的人工单价应按市场调查确定的单价计算

E. 暂列金额一般按分部分项工程费和措施项目费的10%～15%为参考

8. ★【2019年陕西】编制招标最高限价的依据包括(　　)。

A. 企业定额　　B. 计价规则

C. 特殊的施工方案　　D. 招标文件

E. 建设工程设计文件

答案与解析

一、单项选择题

1. B； 2. C； 3. C； 4. A； 5. A； 6. D； 7. D； 8. D； 9. A； 10. A； 11. B； 12. C； 13. A； 14. C； 15. C； 16. D； 17. B； 18. D； 19. A； 20. C； 21. D； 22. B； 23. B； 24. C； 25. D。

二、多项选择题

1. BDE； 2. ABDE； 3. ABD； 4. BCD； 5. ABD； 6. ABCE； 7. ABC； 8. BDE。

多选题解析

第4节　投标报价编制

一、单项选择题（每题的备选项中，只有1个最符合题意）

1. 根据《建设工程工程量清单计价规范》GB 50500—2013，在招标文件未另有要求的情况下投标报价的综合单价一般要考虑的风险因素是(　　)。

A. 政策法规的变化　　B. 人工单价的市场变化

C. 政府定价材料的价格变化　　D. 管理费、利润的风险

2. 投标人在投标报价时，应优先被采用为综合单价编制依据的是(　　)。

A. 企业定额　　B. 地区定额

C. 行业定额　　D. 国家定额

3. 根据《建设工程工程量清单计价规范》GB 50500—2013，关于投标人的投标总价编制的说法，正确的是(　　)。

A. 为降低投标总价，投标人可以将暂列金额降至零

B. 投标总价可在分部分项工程费、措施项目费、其他项目费和规费，税金合计金额上做出优惠

C. 开标前投标人来不及修改标书时，可在投标者致函中给出优惠比例，并将优惠后的总价作为新的投标价

D. 投标人对投标报价的任何优惠均应反映在相应清单项目的综合单价中

4. 根据《建设工程工程量清单计价规范》GB 50500—2013，编制投标文件时，招标文件中已提供暂估价的材料价格应根据(　　)计入综合单价。

A. 投标人自主确定价格　　B. 投标时当地的市场价格

C. 招标文件列出的单价　　D. 政府主管部门公布的价格

5. 根据《建设工程工程量清单计价规范》GB 50500—2013，投标时可由投标企业根据其施工组织设计自主报价的是(　　)。

A. 安全文明施工费　　B. 大型机具设备进出场及安拆费

C. 规费　　D. 税金

6. 根据《建设工程工程量清单计价规范》GB 50500—2013，采用工程量清单招标的工程，投标人在投标报价时不得作为竞争性费用的是(　　)。

A. 二次搬运费　　B. 安全文明施工费

C. 夜间施工费　　D. 总承包服务费

7. 实行工程量清单计价的招标工程，投标人可完全自主报价的是(　　)。

A. 暂列金额　　B. 总承包服务费

C. 专业工程暂估价　　D. 措施项目费

8. 采用不平衡报价法，下列做法错误的是(　　)。

A. 设计图纸不明确，估计修改后工程量要增加的，可以提高单价

B. 能够早日结账收款的项目可适当提高

C. 预计今后工程量会增加的项目单价适当提高

D. 施工条件好、工作简单、工作量大的工程报价可高一些

9. 在工程量清单计价模式中，投标人编制投标报价的主要依据不包括(　　)。

A. 工程量清单

B. 工程造价指数

C. 企业定额

D. 国家、地区或行业建设主管部门颁发的定额及相关规定

10. 与招标工程量清单和最高投标限价的编制相比，属于投标报价编制的特有依据的是(　　)。

A. 招标文件的答疑纪要

B. 招标工程量清单

C. 施工现场情况

D. 建设工程设计文件及相关资料

11. 根据《建设工程工程量清单计价规范》GB 50500—2013，承发包双方应当在招标文件中或在合同中对由市场价格波动导致的价格风险的范围和幅度予以明确约定。根据工程特点和工期要求，建议可一般采用的方式是承包人承担(　　)以内的材料价格风险，(　　)以内的施工机具使用费风险。

A. 10%，5%　　B. 5%，10%

C. 2%，5%　　　　D. 5%，2%

12. 确定投标报价中的综合单价时，需要计算清单单位含量，即(　　)。

A. 每一计量单位的清单项目所分摊的工程内容的定额工程数量

B. 每一计量单位的清单项目所分摊的工程内容的清单工程数量

C. 每一计量单位的定额项目所分摊的工程内容的定额工程数量

D. 每一计量单位的定额项目所分摊的工程内容的清单工程数量

13. 根据《建设工程工程量清单计价规范》GB 50500—2013，关于施工发承包投标报价的编制，下列说法正确的是(　　)。

A. 设计图纸与招标工程量清单项目特征描述不同的，以设计图纸特征为准

B. 暂列金额应按照招标工程量清单中列出的金额填写，不得变动

C. 材料、工程设备暂估价应按暂估单价，乘以所需数量后计入其他项目费

D. 总承包服务费应按照投标人提出的协调、配合和服务项目自主报价

14. 编制投标报价，下列关于分部分项工程综合单价确定的描述正确的是(　　)。

A. 招标投标过程中，当出现招标文件中分部分项工程量清单特征描述与设计图纸不符时，投标人应以设计图纸为准，结合规范确定投标报价的综合单价

B. 施工中施工图纸或设计变更与工程量清单特征描述不一致时，应按工程量清单特征，确定综合单价

C. 综合单价应包括承包人承担的5%以内的材料、工程设备的价格风险，10%以内的施工机具使用费风险

D. 承包人应承担法律、法规、规章或有关政策出台导致工程税金、规费的变化

15. 关于投标报价，下列说法正确的是(　　)。

A. 总价措施项目由招标人填报

B. 暂列金额依据招标工程量清单总说明，结合项目管理规划自主填报

C. 暂估价依据询价情况填报

D. 投标人对投标报价的任何优惠均应反映在相应的清单项目的综合单价中

16. 根据《建设工程工程量清单计价规范》GB 50500—2013，关于暂估价的说法，正确的是(　　)。

A. 材料暂估价表中只填写原材料、燃料、构配件的暂估价

B. 材料暂估价应纳入分部分项工程量清单项目综合单价

C. 专业工程暂估价指完成专业工程的建筑安装工程费

D. 专业工程暂估价由专业工程承包人填写

17. 下列关于确定分部分项工程和单价措施项目综合单价的注意事项，表述正确的是(　　)。

A. 当出现招标工程量清单特征描述与设计图纸不符时，投标人应以设计图纸为准确定投标报价的综合单价

B. 政府定价或政府指导价管理的原材料等价格进行的调整，发承包双方应在合同中约定合理的分摊范围和幅度

C. 发承包双方应当在招标文件或在合同中对市场价格波动导致的风险约定分摊范围和幅度

D. 承包人管理费和利润的风险，发承包双方应在合同中约定合理的分摊范围和幅度

18. 下列关于不平衡报价的说法错误的是(　　)。

A. 能够早日结算的项目可以适当提高报价

B. 工程内容说明不清楚的，尽可能提高报价

C. 如果工程分标，该暂定项目也可能由其他承包单位施工时，则不宜报高价

D. 设计图纸不明确、估计修改后工程量要增加的，可以提高单价

19. 下列工程，不适宜采用无利润报价法的情形是(　　)。

A. 有可能在中标后，将大部分工程分包给索价较低的一些分包商

B. 较长时期内，投标单位没有在建工程项目

C. 先以低价获得首期工程，而后赢得机会创造第二期工程中的竞争优势

D. 迷惑对手，提高中标概率

20. 从投标人的报价策略来说，报价可高一些的情形是(　　)。

A. 工作简单、工程量大，施工条件好的工程

B. 投标单位急于打入某一市场

C. 投标对手多，竞争激烈

D. 投标对手少的工程

21. 招标人在施工招标文件中规定了暂定金额的分项内容和暂定总价款时，投标人可采用的报价策略是(　　)。

A. 适当提高暂定金额分项内容的单价

B. 适当减少暂定金额中的分项工程量

C. 适当降低暂定金额分项内容的单价

D. 适当增加暂定金额中的分项工程量

22. 下列工程，不适宜采用多方案报价法的是(　　)。

A. 工程范围不明确

B. 条款不清楚或不公正

C. 设计图纸不明确

D. 技术规范要求过于苛刻

23. ★【2020 年重庆】投标报价是投标人希望达成工程承包交易的(　　)。

A. 期望价格　　B. 理想价格

C. 成本价格　　D. 谈判价格

24. ★【2020 年浙江】根据《建设工程工程量清单计价规范》GB 50500—2013 的有关规定，下列说法错误的是(　　)。

A. 招标工程量清单是招标文件的重要组成部分，招标人对编制的招标工程量清单的准确性和完整性负责，投标人依据招标工程量清单进行投标报价

B. 010101003001，其中 003 为分项工程项目名称顺序码

C. 以“t”为单位，应保留 2 位小数，第 3 位四舍五入

D. 以“kg”为单位，应保留 2 位小数，第 3 位四舍五入

25. ★【2021 年湖北】在投标报价时，投标人确定综合单价的主要依据是(　　)。

A. 项目特征　　B. 项目名称
C. 项目编码　　D. 工程量计算规则

二、多项选择题（每题的备选项中，有 2 个或 2 个以上符合题意，至少有 1 个错项）

1. 根据《建设工程工程量清单计价规范》GB 50500—2013，关于企业投标报价编制原则的说法，正确的是(　　)。

A. 投标报价由投标人自主确定
B. 为了鼓励竞争，投标报价可以略低于成本
C. 投标人必须按照招标工程量清单填报价格
D. 发承包双方责任划分是投标报价费用计算必须考虑的因素
E. 投标人应以施工方案、技术措施等作为投标报价计算的基本条件

2. 根据《建设工程工程量清单计价规范》GB 50500—2013，关于投标人投标报价编制的说法，正确的是(　　)。

A. 投标报价应以投标人的企业定额为依据
B. 投标报价应根据投标人的投标战略确定，必要的时候可以低于成本
C. 投标中若发现清单中的项目特征与设计图纸不符，应以项目特征为准
D. 招标文件中要求投标人承担的风险费用，投标人应在综合单价中予以考虑
E. 投标人可以根据项目的复杂程度调整招标人清单中的暂列金额的大小

3. 根据《建设工程工程量清单计价规范》GB 50500—2013，关于投标人其他项目费编制的说法，正确的是(　　)。

A. 专业工程暂估价必须按照招标工程量清单中列出的金额填写
B. 材料暂估价由投标人根据市场价格变化自主测算确定
C. 暂列金额应按照招标工程量清单列出的金额填写，不得变动
D. 计日工应按照招标工程量清单列出的项目和数量自主确定各项综合单价
E. 总承包服务费应根据招标人要求提供的服务和现场管理需要自主确定

4. 报价技巧是指投标中具体采用的对策和方法，常用的报价技巧有(　　)。

A. 突然涨价法　　B. 单方案报价法
C. 不平衡报价法　　D. 无利润竞标法
E. 突然降价法

5. 编制投标报价时，应遵循的原则有(　　)。

A. 投标人自主确定报价
B. 投标报价不得低于成本
C. 应考虑工期提前的费用要求
D. 利用预算定额进行报价
E. 投标人可以按招标工程量清单以及单价项目、总价项目等进行报价

6. 进行措施项目投标报价时，措施项目的内容通常依据(　　)确定。

A. 招标人提供的措施项目清单
B. 常规施工方案
C. 设计文件

D. 与建设项目相关的标准、规范、技术资料

E. 投标人投标时拟定的施工组织设计或施工方案

7. 根据《建设工程工程量清单计价规范》GB 50500—2013，关于承发包双方施工阶段风险分摊原则的表述正确的是(　　)。

A. 主要由市场价格波动导致的价格风险应按照合同约定的范围和幅度由发承包双方合理分摊

B. 对于法律法规或有关政策出台导致工程税金及规费等发生变化的风险应由发承包双方共同承担

C. 5%以内的材料、工程设备价格风险由承包人承担

D. 5%以内的施工机具使用费风险由承包人承担

E. 管理费、利润的风险由承包人承担

8. 根据《建设工程工程量清单计价规范》GB 50500—2013，关于投标文件措施项目计价表的编制，下列说法正确的是(　　)。

A. 单价措施项目计价表应采用综合单价方式计价

B. 总价措施项目计价表应包含规费和建筑业增值税

C. 不能精确计量的措施项目应编制总价措施项目计价表

D. 总价措施项目的内容确定与招标人拟定的措施清单无关

E. 总价措施项目的内容确定与投标人投标时拟定的施工组织设计无关

9. 关于发承包双方在工程施工阶段的风险分摊原则，下列说法正确的是(　　)。

A. 发承包双方应当在合同中对市场价格波动导致风险的范围和幅度予以约定

B. 承包人承担 5%以内的材料价格风险和 10%以内的工程设备、施工机具使用费风险

C. 对于政府定价或政府指导价管理的原材料价格发生变动的风险，承包人应适当承担

D. 对于承包人根据自身技术水平、管理、经营状况能够自主控制的风险，发包人不予承担

E. 承包人的管理费、利润的风险应由承包人自己承担

10. 施工投标采用不平衡报价法时，可以适当提高报价的项目有(　　)。

A. 工程内容说明不清楚的项目

B. 暂定项目中必定要施工的不分标项目

C. 单价与包干混合制合同中采用包干报价的项目

D. 综合单价分析表中的材料费项目

E. 预计开工后工程量会减少的项目

11. 采用多方案报价法，可降低投标风险，但投标工作量较大。通常适用的情形是(　　)。

A. 招标文件中的工程范围不很明确

B. 单价与包干混合制合同中，招标人要求有些项目采用包干报价时

C. 项目在完成后全部按报价结算

D. 条款不很清楚或很不公正

E. 技术规范要求过于苛刻的工程

12. 投标单位遇到(　　)等情形时，其报价可低一些。

A. 附近有工程而本项目可利用该工程的设备、劳务或有条件短期内突击完成的工程

B. 支付条件差的工程

C. 投标对手多，竞争激烈的工程

D. 施工条件好的工程，工作简单、工程量大而其他投标人都可以做的工程

E. 投标单位虽已在某一地区经营多年，但即将面临没有工程的情况，机械设备无工地转移

13. ★【2020 年重庆】工程量清单包括(　　)。

A. 规费和增值税项目清单　　B. 其他项目清单

C. 措施项目清单　　D. 分部分项清单

E. 通用项目清单

答案与解析

一、单项选择题

1. D；2. A；3. D；4. C；5. B；6. B；7. B；8. D；9. B；10. A；
11. B；12. A；13. B；14. C；15. D；16. B；17. C；18. B；19. D；20. D；
21. A；22. C；23. A；24. C；25. A。

二、多项选择题

1. ACDE；2. ACD；3. ACDE；4. CDE；5. ABE；6. AE；7. ACE；
8. AC；9. ADE；10. BC；11. ADE；12. ACDE；13. ABCD。

单选题解析

多选题解析

第7章　工程施工和竣工阶段造价管理

第1节　工程施工成本管理

一、单项选择题（每题的备选项中，只有1个最符合题意）

1. 成本分析、成本考核、成本核算是建设工程项目施工成本管理的重要环节，仅就此三项工作而言，其正确的工作流程是(　　)。

A. 成本核算→成本分析→成本考核

B. 成本分析→成本考核→成本核算

C. 成本考核→成本核算→成本分析

D. 成本分析→成本核算→成本考核

2. 某工程施工至月底时的情况为：已完工程量120m，实际单价8000元/m，计划工程量100m，计划单价7500元/m。则该工程在当月底的费用偏差为(　　)。

A. 超支6万元　　B. 节约6万元

C. 超支15万元　　D. 节约15万元

3. 某工程施工至2016年12月底，已完工程计划费用2000万元，拟完工程计划费用2500万元，已完工程实际费用1800万元，则此时该工程的费用绩效指数*CPI*为(　　)。

A. 0.8　　B. 0.9

C. 1.11　　D. 1.25

4. 某分部工程商品混凝土消耗情况见下表，则由于混凝土量增加导致的成本增加额为(　　)元。

项目	单位	计划	实际
消耗量	m^3	300	320
单价	元/m^3	430	460

A. 8600　　B. 9200

C. 9600　　D. 18200

5. 某施工项目的商品混凝土目标成本是420000元（目标产量500m^3，目标单价800元/m^3，预计损耗率为5%），实际成本是511680元（实际产量600m^3，实际单价820元/m^3，实际损耗率为4%）。若采用因素分析法进行成本分析（因素的排列顺序是：产量、单价、耗损率），则由于产量提高增加的成本是(　　)元。

A. 4920　　B. 12600

C. 84000　　D. 91680

6. 某施工项目经理对商品混凝土的施工成本进行分析，发现其目标成本是44万元，实际成本是48万元，因此要分析产量、单价、损耗率等因素对混凝土成本的影响程度，

最适宜采用的分析方法是(　　)。

A. 比较法　　B. 构成比率法

C. 因素分析法　　D. 动态比率法

7. 某单位产品1月份成本相关参数见下表，用因素分析法计算，单位产品人工消耗量变动对成本的影响是(　　)元。

项目	单位	计划值	实际值
产品产量	件	180	200
单位产品人工消耗量	工日/件	12	11
人工单价	元/工日	100	110

A. －20000　　B. －18000

C. －19800　　D. 22000

8. 编制施工项目成本计划，关键是确定项目的(　　)。

A. 概算成本　　B. 成本构成

C. 目标成本　　D. 实际成本

9. 下列施工成本分析方法中，可以用来分析各种因素对成本影响程度的是(　　)。

A. 相关比率法　　B. 连环置换法

C. 比重分析法　　D. 动态比率法

10. 某分项工程的混凝土成本数据见下表。应用因素分析法分析各因素对成本的影响程度，可得到的正确结论是(　　)。

项目（单位）	目标	实际
产量（m^3）	800	850
单价（元）	600	640
损耗率（%）	5	3

A. 由于产量增加$50m^3$，成本增加21300元

B. 由于单价提高40，成本增加35020元

C. 实际成本与目标成本的差额为56320元

D. 由于损耗下降2%，成本减少9600元

11. 某施工项目某月的成本数据见下表，应用差额计算法得到预算成本增加对成本的影响是(　　)万元。

项目	单位	计划	实际
预算成本	万元	600	640
成本降低率	%	4	5

A. 12.0　　B. 8.0

C. 6.4　　D. 1.6

12. 某项目施工成本数据见下表，根据差额计算法，成本降低率提高对成本降低额的影响程度为(　　)万元。

项目	单位	计划	实际	差额
成本	万元	220	240	20
成本降低率	%	3	3.5	0.5
成本降低额	万元	6.6	8.4	1.8

A. 0.6　　B. 0.7
C. 1.1　　D. 1.2

13. 关于施工成本管理各项工作之间的关系，说法正确的是(　　)。
A. 成本计划能对成本控制的实施进行监督
B. 成本核算是成本计划的基础
C. 成本预算是实现成本目标的保证
D. 成本分析为成本考核提供依据

14. 按照我国现有规定，成本计划后的成本管理的工作是(　　)。
A. 成本预测　　B. 成本分析
C. 成本控制　　D. 成本考核

15. 某施工项目按人工费、材料费、施工机具使用费、企业管理费对施工成本计划进行了编制，这种编制方法属于(　　)。
A. 按施工成本组成编制施工成本计划
B. 按子项目组成编制施工成本计划
C. 按工程进度编制施工成本计划
D. 以上三种方法的综合运用

16. 某工程施工至 2014 年 7 月底，已完工程计划费用（*BCWP*）为 600 万元，已完工程实际费（*ACVP*）为 800 万元，拟完工程计划费用（*BCWS*）为 700 万元，则该工程此时的偏差情况是(　　)。
A. 费用节约，进度提前　　B. 费用超支，进度拖后
C. 费用节约，进度拖后　　D. 费用超支，进度提前

17. 在工程项目成本管理中，由进度偏差引起的累计成本偏差可以用(　　)的差值度量。
A. 已完工程预算成本与拟完工程预算成本
B. 已完工程预算成本与已完工程实际成本
C. 已完工程实际成本与拟完工程预算成本
D. 已完工程实际成本与已完工程预算成本

18. 某土方工程，月计划工程量 2800m³，预算单价 25 元/m³；到月末时已完工程量 3000m³，实际单价 26 元/m³。对该项工作采用赢得值法进行偏差分析，说法正确的是(　　)。
A. 已完成工作实际费用为 75000 元
B. 费用偏差为−3000 元，表明项目运行超出预算费用
C. 费用绩效指标大于 1，表明项目运行超出预算费用
D. 进度绩效指标小于 1，表明实际进度比计划进度拖后

19. 进行施工成本控制，工程实际完成量、成本实际支出等信息，主要是通过(　　)获得。

A. 工程承包合同　　B. 施工成本计划

C. 施工组织设计　　D. 进度报告

20. 当变更引起措施项目费调整时，下列关于调整原则的表述正确的是(　　)。

A. 安全文明施工费按照实际发生变化的措施项目费调整，不得浮动

B. 采用单价计算的措施项目费，按照实际发生变化的措施项目调整，但应考虑承包人报价浮动因素

C. 采用总价计算的措施项目费，按照实际发生变化的措施项目调整，但应考虑承包人报价浮动因素

D. 招标工程量清单中分部分项工程出现漏项缺项，引起措施项目发生变化的，不得调整

21. 某工程计划外购商品混凝土 3000m^3，计划单价 420 元/m^3，实际采购 3100m^3，实际单价 450 元/m^3，则由于采购量增加而使外购商品混凝土成本增加(　　)万元。

A. 4.2　　B. 4.5

C. 9.0　　D. 9.3

22. 赢得值法评价指标之一的费用偏差反映的是(　　)。

A. 统计偏差　　B. 平均偏差

C. 绝对偏差　　D. 相对偏差

23. 下列成本管理的指标中，属于施工成本计划效益指标的是(　　)。

A. 按分部汇总的各单位工程（或子项目）计划成本指标

B. 按人工、材料、机具等各主要生产要素计划成本指标

C. 责任目标成本计划降低率

D. 责任目标成本计划降低额

24. 应用相关比率法进行施工成本分析、考察管理成果的好坏，通常所采用的对比指标具有的特点是(　　)。

A. 性质不同但相关　　B. 性质不同又不相关

C. 概念相关时期相同　　D. 概念相关时期不同

25. 比较法是施工成本分析的基本方法之一，其常用的比较形式是(　　)。

A. 本期实际指标与上期目标指标对比

B. 上期实际指标与本期目标指标对比

C. 本期实际指标与上期实际指标对比

D. 上期目标指标与本期目标指标对比

26. 施工成本分析依赖于核算提供的资料，其中可以对尚未发生的经济活动进行核算的是(　　)。

A. 会计核算　　B. 经济核算

C. 统计核算　　D. 业务核算

27. 某工程商品混凝土的目标产量为 500m^3，单价 720 元/m^3，损耗率 4%。实际产量为 550m^3，单价 730 元/m^3，损耗率 3%。采用因素分析法进行分析，由单价提高使费用增加了(　　)元。

A. 43160　　B. 37440

C. 5720　　D. 1705

28. 下列不属于成本控制过程中动态资料的是(　　)。

A. 成本计划文件　　B. 进度报告

C. 工程变更资料　　D. 工程索赔资料

29. 施工项目成本控制是企业全面成本管理的重要环节，应贯穿于施工项目(　　)。

A. 从筹建到竣工的全过程　　B. 从招标到保证金返还的全过程

C. 从投标到保证金返还的全过程　　D. 从开工到竣工的全过程

30. 施工成本控制中，工程实际完成量和成本实际支出等信息，是从(　　)获取的。

A. 业务核算报告中　　B. 施工组织设计中

C. 工程进度报告中　　D. 工程变更报告中

31. 某建筑工程施工至某月月末，出现了工程的费用偏差小于 0，进度偏差大于 0 的状况，则该工程的已完工作实际费用（*ACWP*）、计划工作预算费用（*BCWS*）和已完工作预算费用（*BCWP*）的关系可表示为(　　)。

A. $BCWP>ACWP>BCWS$　　B. $BCWS>BCWP>ACWP$

C. $ACWP>BCWP>BCWS$　　D. $BCWS>ACWP>BCWP$

32. 某打桩工程合同约定，第一个月计划完成工程桩 120 根；单价为 1.2 万元/根。时值月底，经确认的承包商实际完成的工程桩为 110 根；实际单价为 1.3 万元/根。在第一个月度内，该打桩工程的已完工作预算费用（*BCWP*）为(　　)万元。

A. 132　　B. 144

C. 156　　D. 178

33. 某地下工程施工合同约定，计划 4 月份完成混凝土工程量 450m³，合同单价均为 600 元/m³。该工程 4 月份实际完成的混凝工程量为 400m³，实际单价 700 元/m³。至 4 月底，该工程的进度绩效指数（*SPI*）为(　　)。

A. 0.857　　B. 0.889

C. 1.125　　D. 1.167

34. 某工程项目实施过程中，已完工作预算费用（*BCWP*）曲线与已完工作实际费用（*ACWP*）曲线靠得很近，而与计划工作预算费用（*BCWS*）曲线离得很远，则表示该工程项目在(　　)。

A. 费用与进度上均是按预定计划目标进行的

B. 费用与进度上均没有按预定计划目标进行

C. 费用上是按预定计划目标进行的

D. 进度上是按预定计划目标进行的

35. 会计核算法是项目成本核算的一种重要方法，下列属于会计核算法特点的是(　　)。

A. 人为调节的可能性大　　B. 核算范围较大

C. 对核算人员的专业要求不高　　D. 核算权债务等较为困难

36. ★【2020 年浙江】成本考核是在工程项目建设过程中或项目完成后，定期对项目形成过程中的各级单位成本管理的成绩或失误进行总结与评价。通过成本考核，给予责任者相应的奖励或惩罚。下列不属于企业对项目经理部可控责任成本考核指标的是(　　)。

A. 项目经理责任目标总成本降低额和降低率
B. 项目施工成本降低额和降低率
C. 施工责任目标成本实际降低额和降低率
D. 施工计划成本实际降低额和降低率

37. ★【2019 年陕西】工程项目成本管理的核心内容是(　　)。

A. 成本分析　　B. 成本计划
C. 成本控制　　D. 成本核算

38. ★【2019 年陕西】某施工机械设备原价为 50 万元，预计净残值为 2 万元，预计使用年限 10 年，采用双倍余额递减法计算折旧时的年折旧率是(　　)。

A. 9.6%　　B. 10%
C. 20%　　D. 30%

39. ★【2020 年浙江】当工程项目非常庞大和复杂而需要分为几个部分的，采用的项目目标成本计划的编制方法是(　　)。

A. 目标利润法　　B. 技术进步法
C. 按实计算法　　D. 定率估算法

40. ★【2021 年北京】施工成本包括计划预控、过程控制和(　　)三个环节。

A. 调节控制　　B. 纠偏控制
C. 实施控制　　D. 事后控制

41. ★【2021 年北京】采用双倍余额递减法，原价 80000 元，净残值 5000 元，按 8 年折旧考虑，计算第 2 年折旧额为(　　)元。

A. 9375　　B. 10000
C. 11250　　D. 15000

42. ★【2021 年湖北】在施工成本管理中，开展成本控制和核算的基础是(　　)。

A. 成本测算　　B. 成本计划
C. 成本分析　　D. 成本比较

43. ★【2021 年江苏】施工总承包企业施工成本核算的对象一般是(　　)。

A. 建设项目　　B. 单项工程
C. 单位工程　　D. 分部工程

44. ★【2021 年陕西】月季度施工成本分析的方法中，通过(　　)分析当月（季）成本降低水平。

A. 实际成本与预算成本　　B. 实际成本与目标成本
C. 累计实际成本与累计预算成本　　D. 累计预算成本与累计目标成本

二、多项选择题（每题的备选项中，有 2 个或 2 个以上符合题意，至少有 1 个错项）

1. 工程项目施工成本分析的基本方法有(　　)。

A. 比较法　　B. 因素分析法
C. 统计核算法　　D. 差额计算法
E. 比率法

2. 下列施工成本考核指标中，作为项目管理机构成本考核的主要指标是(　　)。

A. 项目成本降低率
B. 目标总成本降低率
C. 项目成本降低额
D. 施工责任目标成本实际降低率
E. 施工计划成本实际降低率

3. 关于施工项目成本核算方法，下列说法正确的是(　　)。

A. 表格核算法的优点是覆盖面较大
B. 会计核算法的优点是科学严谨，人为控制的因素较小
C. 会计核算法不核算工程项目在施工过程中出现的债权债务
D. 表格核算法可用于工程项目施工各岗位成本的责任核算
E. 会计核算法不能用于整个企业的生产经营核算

4. 分部分项工程成本分析中，“三算对比”主要是进行(　　)的对比。

A. 实际成本与投资估算　　B. 实际成本与预算成本
C. 实际成本与竣工决算　　D. 实际成本与目标成本
E. 施工预算与设计概算

5. 编制计划需要依据，属于施工成本计划编制依据的有(　　)。

A. 招标文件　　B. 合同文件
C. 项目管理实施规划　　D. 行业定额
E. 设计文件

6. 施工成本计划的编制方式有(　　)。

A. 按成本组成编写　　B. 按项目结构编写
C. 按工程实施阶段编写　　D. 按工程量清单编写
E. 按合同结构编写

7. 按施工成本构成编制施工成本计划时，施工成本可以分解为(　　)。

A. 人工费　　B. 材料费
C. 施工机具使用费　　D. 规费
E. 企业管理费

8. 采用赢得值法进行费用和进度综合分析控制时，需要计算的基本参数有(　　)。

A. 计划工作实际费用　　B. 计划工作预算费用
C. 已完工作实际费用　　D. 已完工作预算费用
E. 拟完工作实际费用

9. 在进行工程项目费用控制时，可以立即判断费用超支应采取纠偏措施的情况有(　　)。

A. 费用超出预算，施工进度正常
B. 费用超出预算，施工进度提前
C. 费用消耗低于预算，施工进度正常
D. 费用消耗低于预算，施工进度拖延
E. 费用超出预算，施工进度拖延

10. 下列指标中，属于承包企业层面项目成本考核指标的有(　　)。

A. 施工计划成本实际降低额　　B. 项目施工成本降低额
C. 目标总成本降低额　　D. 项目施工成本降低率
E. 施工责任目标成本实际降低率

11. 某商品混凝土目标成本与实际成本对比见下表，关于其成本分析的说法，正确的是(　　)。

项目	单位	目标	实际
产量	m^3	600	640
单价	元	715	755
损耗	%	4	3

A. 实际成本与目标成本的差额是 51536 元
B. 产量增加使成本增加了 28600 元
C. 单价提高使成本增加了 26624 元
D. 该商品混凝土目标成本是 497696 元
E. 损耗率下降使成本减少了 4832 元

12. 下列有关工程成本的指标中，属于施工成本计划数量指标的有(　　)。

A. 设计预算成本计划降低额
B. 按子项汇总的工程项目计划总成本指标
C. 责任目标成本计划降低率
D. 按人工、材料、机械等生产要素汇总的计划成本指标
E. 按分部汇总的各单位工程（或子项目）计划成本指标

13. 下列关于施工成本分析基本方法的用途的说法，正确的是(　　)。

A. 比较法通过技术经济指标的对比，检查目标的完成情况，分析产生差异的原因
B. 差额计算法将两个性质不同而又相关的指标加以对比，求出比率
C. 因素分析法可用来分析各种因素对成本的影响程度
D. 动态比率法将同类指标不同时期的数值进行对比，分析指标的发展方向和速度
E. 相关比率法通过构成比率，考察各成本项目占成本总量的比重

14. 用比较法进行施工成本分析时，通常采用的比较形式有(　　)。

A. 将实际指标与目标指标对比
B. 本期实际指标与拟完成指标对比
C. 本期实际指标与上期实际指标对比
D. 与本行业平均水平对比
E. 与本行业先进水平对比

15. 下列评价指标中，属于赢得值法评价指标的有(　　)。

A. 费用偏差（*CV*）　　B. 费用偏差指数（*CVI*）
C. 进度偏差（*SV*）　　D. 进度偏差指数（*SVI*）
E. 进度费用综合指数（*CSV*）

16. 已完成工程计划费用 1200 万元，已完工程实际费用 1500 万元，拟完工程计划费用 1300 万元，关于偏差说法正确的是(　　)。

A. 进度提前 300 万元　　B. 进度拖后 100 万元
C. 费用节约 100 万元　　D. 工程盈利 300 万元
E. 费用超过 300 万元

17. ★【2020 年浙江】某工程施工至某月底，经偏差分析得到费用偏差（*CV*）<0，进度偏差（*SV*）<0，则表明(　　)。

A. 已完工程实际费用节约
B. 已完工程实际费用>已完工程计划费用
C. 拟完工程计划费用>已完工程实际费用
D. 已完工程实际进度超前
E. 拟完工程计划费用>已完工程计划费用

18. ★【2020 年浙江】可以为施工成本形成过程和影响成本升降因素进行分析而提供资料（依据）的主要有(　　)。

A. 财务核算　　B. 经济核算
C. 会计核算　　D. 业务核算
E. 统计核算

19. ★【2019 年陕西】工程施工成本管理中，成本分析的基本方法包括(　　)。

A. 因素分析法　　B. 差额计算法
C. 比率法　　D. 比较法
E. 价值工程法

20. ★【2021 年北京】项目施工成本计划的编制方法有(　　)。

A. 目标利润法　　B. 技术进步法
C. 定率估算法　　D. 按实计算法
E. 专家建议法

21. ★【2021 年浙江】作为施工项目成本核算的方法之一，会计核算的特点有(　　)。

A. 逻辑性强　　B. 便于操作
C. 核算范围广　　D. 适时性较好
E. 人为调节的可能因素较大

答案与解析

一、单项选择题

1. A；2. A；3. C；4. A；5. C；6. C；7. A；8. C；9. B；10. C；
11. D；12. D；13. D；14. C；15. A；16. B；17. A；18. B；19. D；20. A；
21. A；22. C；23. D；24. A；25. C；26. D；27. C；28. A；29. C；30. C；
31. C；32. A；33. B；34. C；35. B；36. B；37. C；38. C；39. D；40. B；
41. D；42. B；43. C；44. A。

二、多项选择题

1. ABDE；2. AC；3. BD；4. BD；5. BCE；6. ABC；7. ABCE；
8. BCD；9. AE；10. BD；11. ACE；12. BDE；13. ACD；14. ACDE；

15. AC；　16. BE；　17. BE；　18. CDE；　19. ABCD；　20. ABCD；　21. AC。

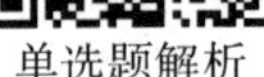
单选题解析

多选题解析

第2节　工程变更与索赔管理

一、单项选择题（每题的备选项中，只有1个最符合题意）

1. 根据国际惯例，承包商自有设备的窝工费一般按(　　)计算。

A. 台班折旧费　　B. 台班折旧费＋设备进出现场的分摊费

C. 台班使用费　　D. 同类型设备的租金

2. 工程施工过程中发生索赔事件以后，承包人首先要做的工作是(　　)。

A. 向监理工程师提出索赔证据　　B. 提交索赔报告

C. 提出索赔意向通知　　D. 与业主就索赔事项进行谈判

3. 因不可抗力造成的下列损失，应由承包人承担的是(　　)。

A. 工程所需清理、修复费用

B. 运至施工场地待安装设备的损失

C. 承包人的施工机械设备损坏及停工损失

D. 停工期间，发包人要求承包人留在工地的保卫人员费用

4. 某施工合同约定人工工资为200元/工日，窝工补贴按人工工资的25%计算，在施工过程中发生了下列事件：①出现异常恶劣天气导致工程停工2天，人员窝工20个工日：②因恶劣天气导致场外道路中断，抢修道路用工20个工日；③几天后，场外停电，停工1天，人员窝工10个工日。承包人可向发包人索赔的人工费为(　　)元。

A. 1500　　B. 2500

C. 4500　　D. 5500

5. 下列索赔事件中，承包人可以索赔利润的是(　　)。

A. 工程变更　　B. 工程暂停

C. 材料价格上涨　　D. 工期延期

6. 最常用的索赔费用计算方法是(　　)。

A. 总费用法　　B. 修正总费用法

C. 网络分析法　　D. 实际费用法

7. 承包人应在知道索赔事件发生后(　　)天内，向监理人递交索赔报告意向通知书，并说明发生索赔事件的事由。

A. 30　　B. 28

C. 14　　D. 7

8. 施工单位在施工中发生下列事项：完成业主要求的合同外用工花费 3 万元；由于设计图纸延误造成工人窝工损失 1 万元；施工电梯机械故障造成工人窝工损失 2 万元。施工单位可向业主索赔的人工费为(　　)万元。

A. 3　　B. 5

C. 4　　D. 6

9. 根据《标准施工招标文件》中的合同通用条件，承包人通常只能获得费用补偿，但不能得到利润补偿和工期顺延的事件是(　　)。

A. 施工中遇到不利物质条件　　B. 因发包人的原因导致工程试运行失败

C. 发包人更换其提供的不合格材料　　D. 基准日后法律的变化

10. 根据《标准施工招标文件》中的通用合同条款，下列引起承包人索赔的事件中，只能获得工期补偿的是(　　)。

A. 发包人提前向承包人提供材料和工程设备

B. 工程暂停后因发包人原因导致无法按时复工

C. 因发包人原因导致工程试运行失败

D. 异常恶劣的气候条件导致工期延误

11. 工程延误期间，因国家法律、行政法规发生变化引起工程造价变化的，则(　　)。

A. 承包人导致的工程延误，合同价款均应予调整

B. 发包人导致的工程延误，合同价款均应予调整

C. 不可抗力导致的工程延误，合同价款均应予调整

D. 无论何种情况，合同价款均应予调整

12. 根据《标准施工招标文件》中通用合同条款，承包人最有可能同时获得工期、费用和利润补偿的索赔事件是(　　)。

A. 基准日后法律的变化　　B. 发包人更换其提供的不合格材料

C. 发包人提前向承包人提供工程设备　　D. 发包人在工程竣工前占用工程

13. 某工程施工过程中发生下列事件：①因异常恶劣气候条件导致工程停工 2 天，人员窝工 20 个工日；②遇到不利地质条件导致工程停工 1 天，人员窝工 10 个工日，处理不利地质条件用工 15 个工日。若人工工资为 200 元/工日，窝工补贴为 100 元/工日，不考虑其他因素。根据《标准施工招标文件》中通用合同条款，施工企业可向业主索赔的工期和费用分别是(　　)。

A. 3 天，6000 元　　B. 1 天，3000 元

C. 3 天，4000 元　　D. 1 天，4000 元

14. 某房屋基坑开挖后，发现局部有软弱下卧层。甲方代表指示乙方配合进行地质复查，共用工 10 个工日。地质复查和处理费用为 4 万元，同时工期延长 3 天，人员窝工 15 工日。若用工按 100 元/工日、窝工按 50 元/工日计算，则乙方可就该事件索赔的费用是(　　)元。

A. 41250　　B. 41750

C. 42500　　D. 45250

15. 关于建设工程施工合同索赔，下列说法正确的是(　　)。

A. 发包人可以在索赔事件发生后暂不通知承包人，待工程结算时一并处理

B. 发包人向承包人提出索赔，承包人无权要求发包人补充提供索赔理由和证据

C. 承包人在收到发包人的索赔资料后，未在规定时间内作出答复，视为该索赔事件成立

D. 承包人未在索赔事件发生后的规定时间内发出索赔通知的，应免除发包人的一切责任

16. 因修改设计导致现场停工而引起施工索赔时，承包商自有施工机械的索赔费用宜按机械(　　)计算。

A. 租赁费　　B. 台班费

C. 折旧费　　D. 检修费

17. 根据《标准施工招标文件》，在施工过程中遭遇不可抗力，承包人可以要求合理补偿(　　)。

A. 费用　　B. 利润

C. 成本　　D. 工期

18. 根据《建设工程施工合同（示范文本）》GF—2017—0201，对施工合同变更的估价，已标价工程量清单中无使用项目的单价，监理工程师确定承包商提出的变更工作单价时，应按照(　　)原则。

A. 固定总价　　B. 固定单价

C. 可调单价　　D. 成本加利润

19. 根据《建设工程施工合同（示范文本）》GF—2017—0201，关于因变更引起的价格调整的说法，正确的是(　　)。

A. 已标价工程量清单中有适用于变更工作的项目的，承包人可根据当前市场价格进行重新报价

B. 已标价工程量清单中没有适用于变更工作或类似项目的，承包人可按照成本加利润的原则进行重新报价

C. 已标价工程量清单中没有适用于变更工作，但有类似项目的，由承包人参照类似项目确定变更工作单价

D. 已标价工程量清单中没有适用于变更工作，但有类似项目的，由发包人参照类似项目确定变更工作单价

20. 施工现场主导机械一台，台班单价1000元/台班，折旧费500元/台班，人工日工单价100元/工日。窝工补贴50元/工日，由于电网停电导致停工2天，人工窝工10工日，则施工企业可索赔(　　)元。

A. 0　　B. 500

C. 1000　　D. 1500

21. 由于监理工程师原因引起承包商向业主索赔施工机械闲置费时，承包商自有设备闲置费一般按设备的(　　)计算。

A. 台班费　　B. 台班折旧费

C. 台班费与进出场费用　　D. 市场租赁价格

22. 承包人工程索赔成立的条件之一是：造成费用增加或工期损失的原因，合同约

定(　　)。

A. 不属于发包人的合同责任或风险责任

B. 不属于承包人的行为责任或风险责任

C. 属于承包人可预见的不利外界条件

D. 属于分包人的风险

23. 下列关于建设工程索赔成立条件的说法，正确的是(　　)。

A. 导致索赔的事件必须是对方的过错，索赔才能成立

B. 只要对方存在过错，不管是否造成损失，索赔都能成立

C. 不按照合同规定的程序提交索赔报告，索赔不能成立

D. 只要索赔事件的事实存在，在合同有效期内任何时候提出索赔都能成立

24. 某建设工程由于业主方临时设计变更导致停工。承包商的工人窝工 8 个工日，窝工费为 300 元/工日，承包商租赁的挖土机窝工 2 个台班，挖土机租赁费为 1000 元/台班，动力费 160 元/台班；承包商自有的自卸汽车窝工 2 个台班，该汽车折旧费用 400 元/台班，动力费为 200 元/台班，则承包商可以向业主索赔的费用为(　　)。

A. 4800　　B. 5200

C. 5400　　D. 5800

25. 某施工项目 6 月份因异常恶劣的气候条件停工 3 天，停工费用 8 万元；之后因停工损失 3 万元，因施工质量不合格，返工费用 4 万元。根据《标准施工招标文件》施工承包商可索赔的费用为(　　)万元。

A. 15　　B. 11

C. 7　　D. 3

26. 根据《建设工程工程量清单计价规范》GB 50500—2013，工程变更引起施工方案改变并使措施项目发生变化时，承包人提出调整措施项目费用的，应事先将(　　)提交发包人确认。

A. 拟实施的施工方案　　B. 索赔意向通知

C. 拟申请增加的费用明细　　D. 工程变更的内容

27. 在工程实施过程中发生索赔事件以后，承包人首先应(　　)。

A. 向工程师发出书面索赔意向通知

B. 向建设主管部门报告

C. 收集索赔证据并计算相应的经济和工期损失

D. 向工程师递交正式索赔报告

28. 根据《标准施工招标文件》，下列事件中，既可索赔工期又可索赔费用的是(　　)。

A. 承包人提前竣工　　B. 提前向承包人提供工程设备

C. 施工中遇到不利物质条件　　D. 异常恶劣的气候条件导致工期延误

29. 某建设项目业主与施工单位签订了可调价格合同。合同中约定：主导施工机械一台为施工单位自有设备，台班单价 900 元/台班，折旧费为 150 元/台班，人工日工资单价为 40 元/工日，窝工工费 10 元/工日，以人工费为基数的综合费率为 30%。合同履行中，因场外停电全场停工 2 天，造成人员窝工 20 个工日；因业主指令增加一项新工作，完成

该工作需要5天时间，机械5台班，人工20个工日，材料费5500元，则施工单位可向业主提出索赔额为(　　)元。

A. 11300　　B. 11540

C. 13880　　D. 11600

30. 某施工现场有装载机2台，由施工企业租得，台班单价5000元/台班，租赁费为2000元/台班，人工工资为80元/日，窝工补贴25元/工日，以人工费和机械费合计为计算基础的综合费率为30%。在施工过程中发生了如下事件：监理人对已经覆盖的隐蔽工程要求重新检查且检查结果合格，配合用工20工日，装载机4台班。为此，施工企业可向业主索赔的费用为(　　)元。

A. 8080　　B. 9080

C. 18080　　D. 28080

31. 在进行费用索赔计算时，材料费的索赔内容通常应包括(　　)。

A. 由于工效降低或停工引起的材料使用量增加

B. 承包人管理原因造成的材料损坏失效

C. 发包人未及时支付材料预付款产生的罚息

D. 由于发包人原因导致工程延期期间的材料价格上涨

32. 工程项目总价值1000万元，合同工期12个月，现承包人因建设条件发生变化需增加额外工程费用100万元，则承包方可提出工期索赔为(　　)个月。

A. 1.5　　B. 0.9

C. 1.2　　D. 3.6

33. 某工程合同未在合同中约定工程量偏差时新综合单价的确定原则，若某分部分项清单项目招标工程量清单数量为2000m^3，施工由于设计变更调减为1500m^3，该分部分项清单项目最高投标限价综合单价为400元/m^3，投标报价为300元/m^3。若该中标价的报价浮动率为10%，则变更后的该分部分项清单项目结算价为(　　)元。

A. 600000　　B. 459000

C. 450000　　D. 540000

34. 根据《建设工程工程量清单计价规范》GB 50500—2013，中标人投标报价浮动率的计算公式是(　　)。

A. (1－中标价/最高投标限价) ×100%

B. (1－中标价/施工图预算) ×100%

C. (1－不含安全文明施工费的中标价/不含安全文明施工费的最高投标限价) ×100%

D. (1－不含安全文明施工费的中标价/不含安全文明施工费的施工图预算) ×100%

35. 工程变更引起分部分项工程项目发生变化，已标价工程量清单中有适用于变更工程项目的，采用该项目的单价时，工程变更导致的该清单项目的工程数量变化的最高限额为(　　)。

A. 5%　　B. 10%

C. 15%　　D. 20%

36. 对某招标工程进行报价分析，在不考虑安全文明施工费的前提下，承包人中标价为1500万元，最高投标限价为1600万元，设计院编制的施工图预算为1550万元，承包人认为的合理报价值为1540万元，则承包人的报价浮动率是(　　)。

A. 0.65%　　B. 6.25%

C. 93.75%　　D. 96.25%

37. 已知某建设项目采用招标方式选择承包人，已知该项目最高投标限价为6000万元，承包人中标价为5700万元，在最高投标限价和中标价中同时包括安全文明施工费100万元，暂列金额300万元，暂估价500万元，则该项目承包人报价浮动率为(　　)。

A. 7%　　B. 5.00%

C. 5.36%　　D. 5.45%

38. 某公路工程的Ⅰ标段实行招标确定承包人，中标价为5000万元，最高投标限价为5500万元，其中安全文明施工费为500万元，规费为300万元，税金的综合税率为3.48%，则承包人报价浮动率为(　　)。

A. 9.09%　　B. 9.62%

C. 10.00%　　D. 10.64%

39. 工程变更类合同价款调整事项中工程变更的范围不包括(　　)。

A. 工程量清单缺项

B. 改变合同中任何工作的质量标准或其他特性

C. 改变工程的基线、标高、位置和尺寸

D. 改变工程的时间安排或实施顺序

40. ★【2020年浙江】某工程施工过程中发生如下事件：①因异常恶劣气候条件导致工程停工2天，人员窝工20个工日；②遇到不利地质条件导致工程停工1天，人员窝工10个工日，处理不利地质条件用工15个工日。若人工工资为200元/工日，窝工补贴为100元/工日，不考虑其他因素。根据《标准施工招标文件》中的通用合同条款，施工企业可向业主索赔的工期和费用分别是(　　)。

A. 3天，6000元　　B. 1天，3000元

C. 3天，4000元　　D. 1天，4000元

41. ★【2019年陕西】工程实施过程中，发出工程变更指示的是(　　)。

A. 发包人　　B. 承包人

C. 监理人　　D. 设计人

42. ★【2020年湖北】某工程合同价2000万，合同工期20个月，后因增建该项目的附属配套工程需增加工程费用170万，则承包商可提出工期索赔为(　　)个月。

A. 0.8　　B. 1.2

C. 1.7　　D. 1.8

43. ★【2020年湖北】根据《建设工程施工合同（示范文本）》GF—2017—0201规定，为了不错失索赔权利，承包人应在发出索赔意向通知书后(　　)日内，向监理提交正式索赔报告。

A. 7　　B. 14

C. 28　　D. 56

44. ★【2020年陕西】关于工程变更权的说法，正确的是(　　)。

A. 发包人与工程师均可以提出变更　　B. 发包人与承包人均可以提出变更

C. 承包人与工程师均可以提出变更　　D. 仅工程师可以提出变更

二、多项选择题（每题的备选项中，有2个或2个以上符合题意，至少有1个错项）

1. 根据《建设工程施工合同（示范文本）》GF—2017—0201，关于变更权的说法，正确的有(　　)。

A. 发包人和监理人均可以提出变更

B. 承包人可以根据施工的需要对工程非重要的部分做出适当变更

C. 监理人发出变更指示一般无需征得发包人的同意

D. 变更指示均通过监理人发出

E. 设计变更超过原批准的建设规模时，承包人应先办理规划变更审批手续

2. 下列属于施工合同履行过程中变更的有(　　)。

A. 增加或减少合同中的任何工作，或者追加额外的工作

B. 发包人将合同范围内的工作事项交由他人实施

C. 改变合同中任何工作的质量标准或其他特性

D. 改变工程的基线、标高、位置和尺寸

E. 改变工程的时间安排或实施顺序

3. 支持承包人工程索赔成立的基本条件有(　　)。

A. 合同履行过程中承包人没有违约行为

B. 索赔事件已造成承包人直接经济损失或工期延误

C. 索赔事件是因非承包人的原因引起的

D. 承包人已按合同规定提交了索赔意向通知、索赔报告及相关证明材料

E. 发包人已按合同规定给予了承包人答复

4. 按照国际惯例，承包商可索赔的材料费包括(　　)。

A. 由于索赔事项导致材料实际用量超过计划用量而增加的材料费

B. 由于发包人原因造成材料价格大幅度上涨而增加的材料费

C. 由于非承包商责任造成的超期储存费用

D. 由于承包商管理不善，造成材料损坏失效引起的损失费

E. 承包商使用不合格材料引起的损失费用

5. 根据《标准施工招标文件》，应纳入工程变更范围的有(　　)。

A. 改变工程的标高　　B. 改变工程的实施顺序

C. 提高合同中的工作质量标准　　D. 将合同中的某项工作转由他人实施

E. 工程设备价格的变化

6. 根据《建设工程工程量清单计价规范》GB 50500—2013，关于工程变更价款的调整方法，下列说法正确的有(　　)。

A. 工程变更导致已标价工程量清单项目的工程量变化小于15%，仍采用原价格

B. 已标价的工程量清单中没有相同或类似的工程变更项目，由发包人提出变更工程项目的总价和单价

C. 安全文明施工费按照实际发生变化的措施项目并依据国家或省级、行业建设主管部门的规定进行调整
D. 采用单价方式计算的措施费，按照分部分项工程费的调整方法确定变更单价
E. 按系数计算的措施项目费均应按照实际发生变化的措施项目调整，系数不得浮动

7. 根据《标准施工招标文件》，工程变更的情形有(　　)。

A. 改变合同中某项工作的质量　　B. 改变合同工程原定的位置
C. 改变合同中已批准的施工顺序　　D. 为完成工程需要追加的额外工作
E. 取消某项工作改由建设单位自行完成

8. 因发包人原因导致工程延期时，下列索赔事件能够成立的有(　　)。

A. 材料超期储存费用索赔　　B. 材料保管不善造成的损坏费用索赔
C. 现场管理费索赔　　D. 保险费索赔
E. 保函手续费索赔

9. 根据《标准施工招标文件》，承包人有可能同时获得工期和费用补偿的事件有(　　)。

A. 发包方延期提供施工图纸
B. 因不可抗力造成的工期延误
C. 甲供设备未按时进场导致停工
D. 监理对覆盖的隐藏工程重新检查且结果合格
E. 施工中发现文物古迹

10. 根据《建设工程施工合同（示范文本）》GF—2017—0201，关于工程变更程序的说法，正确的有(　　)。

A. 发包人若需对原工程设计进行变更，应提前 7 天书面通知承包人
B. 工程变更超过原设计标准或批准的建设规模时，发包人应该重新报批
C. 对于发包人的变更通知，承包人有权拒绝执行
D. 承包人在施工中提出的关于设计图纸更改的合理化建议，须经监理工程师同意
E. 未经监理工程师同意，承包人擅自变更工程的，承包人应承担由此发生的相应费用

11. 根据《建设工程施工合同（示范文本）》GF—2017—0201，发生工程变更时，若预算书中已有适用于变更合同的价格，则采用合同中单价或价格的情况有(　　)。

A. 直接套用　　B. 参照其价格水平另行确定变更价格
C. 换算后采用　　D. 承发包双方重新协调变更价格
E. 部分套用

12. 根据《建设工程工程量清单计价规范》GB 50500—2013，因不可抗力事件导致的损害及其费用增加，应由发包人承担的是(　　)。

A. 工程本身的损害　　B. 承包人的施工机械损坏
C. 发包方现场的人员伤亡　　D. 承包人的停工损失
E. 工程所需的修复费用

13. 下列干扰事件中，承包商能提出工期索赔的是(　　)。

A. 开工前业主未能及时交付施工图纸
B. 由承包商引起的暂停施工造成工期延误
C. 工程师指示承包商加快施工进度
D. 异常恶劣的气候条件
E. 业主未能及时支付工程款造成工期延误

14. 下列情形承包商不能提出索赔的是(　　)。

A. 由于工程设计变更导致工期延误的
B. 发包人要求加速施工导致工程成本增加的
C. 因施工机械故障造成的经济损失
D. 监理人对覆盖工程重新检查，经检验证明工程质量不符合合同要求的
E. 特殊恶劣天气导致工期延误的

15. 根据《建设项目工程总承包合同（示范文本）》GF—2020—0216，下列关于变更程序的说法正确的是(　　)。

A. 发包人要求的变更，应事先以书面或口头形式通知承包人
B. 承包人接到发包人变更通知后，有义务在规定时间内向发包人提交书面建议报告
C. 承包人有义务接受发包人要求的变更，无须通过建议报告表达不支持的观点
D. 变更指示只能由监理人发出，监理人发出变更指示前应征得发包人同意
E. 承包人在提交变更建议报告后，在等待发包人回复的时间内，可停止相关工作

16. 根据《标准施工招标文件》中的通用合同条款，下列引起承包人索赔的事件中，只能获得费用补偿的是(　　)。

A. 发包人提前向承包人提供材料、工程设备
B. 因发包人提供的材料、工程设备造成工程不合格
C. 采取合同未约定的安全作业环境及安全施工措施
D. 发包人在工程竣工前提前占用工程
E. 异常恶劣的气候条件，导致工期延误

17. 当施工机械停工导致费用索赔成立时，台班停滞费用正确的计算方法是(　　)。

A. 按照机械设备台班费计算
B. 按照台班费中的设备使用费计算
C. 自有设备按照台班折旧费计算
D. 租赁设备按照台班租金计算
E. 租赁设备按照台班租金加上每台班分摊的施工机械进出场费计算

18. 根据《标准施工招标文件》中的通用合同条款，工程变更包括(　　)。

A. 取消合同中的任何一项工作
B. 改变合同中任何一项工作的质量或其他特性
C. 改变合同工程的基线、标高、位置和尺寸
D. 改变合同中任何一项工作的施工时间或改变已批准的施工工艺或顺序
E. 为完成工程需要追加的额外工作

19. 根据《建设工程施工合同（示范文本）》GF—2017—0201 的规定，下列属于工程变更范围的是(　　)。

A. 改变合同中任何工作的质量标准或其他特性

B. 取消合同中任何工作，转由其他人实施

C. 改变工程的基线、标高、位置或尺寸

D. 改变工程的时间安排或实施顺序

E. 增加或减少合同中任何工作，或追加额外的工作

20. 下列索赔事件引起的费用索赔中，可以获得利润补偿的有(　　)。

A. 施工中发现文物　　B. 延迟提供施工场地

C. 承包人提前竣工　　D. 延迟提供图纸

E. 基准日后法律的变化

21. 根据《标准施工招标文件》中的通用合同条款，承包人可能同时获得工期和费用补偿，但不能获得利润补偿的索赔事件有(　　)。

A. 发包人提供材料、工程设备不合格　　B. 发包人负责的材料延迟提供

C. 迟延提供施工场地　　D. 施工中发现文物

E. 施工中遇到不利物质条件

22. 某施工合同约定，现场主导施工机械一台，由承包人租得，台班单价为 200 元/台班，租赁费 100 元/天，人工工资为 50 元/日，窝工补贴 20 元/工日，以人工费和机械费为基数的综合费率为 30%。在施工过程中，发生了如下事件：①遇异常恶劣天气导致停工 2 天，人员窝工 30 工日，机械窝工 2 天；②发包人增加合同工作，用工 20 工日，使用机械 1 台班；③场外大范围停电致停工 1 天，人员窝工 20 工日，机械窝工 1 天。据此，下列选项正确的有(　　)。

A. 因异常恶劣天气停工可得的费用索赔额为 800 元

B. 因异常恶劣天气停工可得的费用索赔额为 1040 元

C. 因发包人增加合同工作，承包人可得的费用索赔额为 1560 元

D. 因停电所致停工，承包人可得的费用索赔额为 500 元

E. 承包人可得的总索赔费用为 2500 元

23. ★【2020 年江西】工期索赔中期延误的处理原则主要有(　　)。

A. 首先判断哪种延误为初始延误，应初始延误责任方对工程拖期负责

B. 如果初始延误责任方为发包人，承包人可得到工期延长和经济补偿

C. 如果初始延误是客观原因，承包人可得到工期延长，但很难得到费用补偿

D. 如果初始延误责任方为承包人，承包人不能得到工期延长和经济补偿

E. 在初始延误影响期间，其他并发的延误责任方应承担拖期责任

24. ★【2020 年陕西】工程索赔按索赔性质可划分为(　　)。

A. 费用索赔　　B. 工期索赔

C. 工程延误索赔　　D. 工程变更索赔

E. 意外风险索赔

25. ★【2021 年北京】索赔成立的条件包括(　　)。

A. 索赔事件已造成承包人直接经济损失或工期延误

B. 索赔事件是因非承包人的原因引起的

C. 承包人已按合同规定提交了索赔意向通知、索赔报告及相关证明材料

D. 合同履行过程中承包人没有违约行为

E. 发包人已按合同规定给予了承包人答复

26. ★【2021 年江苏】根据《标准施工招标文件》，属于承包人可索赔费用的情形有（　　）。

A. 异常恶劣气候条件　　B. 监理人未能按合同约定发出指示

C. 承包人遇到不利物质条件　　D. 发包人提供的材料不符合合同要求

E. 在施工场地发掘出文物古迹

答案与解析

一、单项选择题

1. A；2. C；3. C；4. C；5. A；6. D；7. B；8. C；9. D；10. D；11. B；12. D；13. C；14. B；15. C；16. C；17. D；18. D；19. B；20. D；21. B；22. B；23. C；24. B；25. D；26. A；27. A；28. C；29. B；30. D；31. D；32. C；33. B；34. A；35. C；36. B；37. B；38. A；39. A；40. C；41. C；42. C；43. C；44. A。

二、多项选择题

1. AD；2. ACDE；3. BCD；4. ABC；5. ABC；6. ACD；7. ABCD；8. ACDE；9. ACDE；10. BDE；11. ABD；12. ACE；13. ADE；14. CD；15. BD；16. AC；17. CD；18. BCDE；19. ACDE；20. BD；21. DE；22. CD；23. ABCD；24. CDE；25. ABC；26. BCDE。

单选题解析

多选题解析

第 3 节　工程计量支付与结算

一、单项选择题（每题的备选项中，只有 1 个最符合题意）

1. 工程预付款的性质是一种提前支付的（　　）。

A. 工程款　　B. 进度款

C. 材料备料款　　D. 结算款

2. 根据《建设工程工程量清单计价规范》GB 50500—2013，当实际增加的工程量超过清单工程量 15%以上，且造成按总价方式计价的措施项目发生变化的，应将（　　）。

A. 综合单价调高，措施项目费调增　　B. 综合单价调高，措施项目费调减

C. 综合单价调低，措施项目费调增　　D. 综合单价调低，措施项目费调减

3. 某项目施工合同约定，承包人承租的水泥价格风险幅度为±5%，超出部分采用造

价信息法调差，已知投标人投标价格、基准期发布价格为440元/t、450元/t，2018年3月的造价信息发布价为430元/t，则该月水泥的实际结算价格为(　　)元/t。

A. 418　　B. 427.5

C. 430　　D. 440

4. 为合理划分发承包双方的合同风险，有关招标工程，在施工合同中约定的基准日期一般为(　　)。

A. 招标文件中规定的提交投标文件截止时间前的第28天

B. 招标文件中规定的提交投标文件截止时间前的第42天

C. 施工合同签订前的第28天

D. 施工合同签订前的第42天

5. 某施工合同约定采用价格指数及价格调整公式调整价格差额。调价因素及相关数据见下表。其月完成进度款为1500万元，则该月应当支付给承包人的价格调整金额为(　　)万元。

	人工	钢材	水泥	砂石料	施工机械使用费	定值
权重系数	0.10	0.10	0.15	0.15	0.20	0.30
基准日价格或指数	80元/日	100	110	120	115	—
现行价格或指数	90元/日	102	120	110	120	—

A. −30.3　　B. 36.45

C. 112.5　　D. 130.5

6. 若施工招标文件和中标人投标文件对工程质量标准的定义不一致，则商签施工合同时，工程质量标准约定应以(　　)为准。

A. 中标人投标文件　　B. 双方重新协商的结果

C. 招标文件　　D. 中标通知书

7. 关于工程计量的方法，下列说法正确的是(　　)。

A. 按照合同文件中规定的工程量予以计量

B. 不符合合同文件要求的工程不予计量

C. 单价合同项目的工程量必须按现行定额规定的工程量计算规则计量

D. 总价合同项目的工程量是予以计量的最终工程量

8. 对于不实行招标的建设工程，一般以(　　)作为基准日。

A. 建设工程发包前的第28天　　B. 建设工程询价前的第28天

C. 建设工程施工合同签订前的第28天　　D. 建设工程开工前的第28天

9. 承包人原因导致了工程延误，在延误期间国家的法律、行政法规和相关政策发生变化引起工程造价变化的，则调价原则为(　　)。

A. 造成合同价款增加的，予以调整　　B. 造成合同价款减少的，予以调整

C. 合同价款不予调整　　D. 合同价款予以调整

10. 由于发包人原因导致工期延误的，对于计划进度日期后续施工的工程，在使用价格调整公式时，现行价格指数应采用(　　)。

A. 计划进度日期的价格指数　　B. 实际进度日期的价格指数

C. A 和 B 中较低者　　　　D. A 和 B 中较高者

11. 当发包人要求压缩的工期天数超过定额工期的 20% 时，应在招标文件中明示(　　)。

A. 赶工费用　　　　B. 提前竣工奖励

C. 赶工补偿　　　　D. 提前竣工奖励标准

12. 因物价波动引起的价格调整，可采用价格指数法，在确定可调因子的现行价格指数时，所选择的日期是指(　　)。

A. 付款证书相关周期最后一天的前 42 天

B. 竣工结算前 42 天

C. 竣工验收前 42 天

D. 竣工决算前 42 天

13. 由于发包人的原因使工程未在约定的时间内竣工的，对原约定竣工日期后继续施工的工程进行价格调整时，涉及原约定竣工日期价格指数与实际竣工日期价格指数，则调整价格差额计算应采用(　　)。

A. 原约定日期的价格指数

B. 实际竣工日期的价格指数

C. 原约定日期的价格指数与实际竣工日期的价格指数的平均值

D. 原约定日期的价格指数与实际竣工日期的价格指数中较高的一个

14. 在用价格指数调整价格差额时，价格调整公式中的各可调因子、定值和变值权重，以及基本价格指数及其来源应在(　　)中约定。

A. 中标通知书　　　　B. 协议书

C. 投标函附录价格指数和权重表　　　　D. 合同专用条款

15. 施工合同中约定，承包人承担的钢筋价格风险幅度为±5%，超出部分依据《建设工程工程量清单规范》GB 50500—2013 造价信息法调差。已知承包人投标价格、基准期发布价格分别为 2400 元/t、2200 元/t，2015 年 12 月、2016 年 7 月造价信息发布价为 2000 元/t、2600 元/t，则该两月钢筋的实际结算价格应分别为(　　)元/t。

A. 2280，2520　　　　B. 2310，2690

C. 2310，2480　　　　D. 2280，2480

16. 发包人应当依据相关工程的工期定额合理计算工期，压缩的工期天数不得超过定额工期的(　　)，超过的，应在招标文件中明示增加赶工费用。

A. 5%　　　　B. 10%

C. 20%　　　　D. 30%

17. 下列在施工合同履行期间由不可抗力造成的损失中，应由承包人承担的是(　　)。

A. 因工程损害导致的第三方人员伤亡

B. 因工程损害导致的承包人人员伤亡

C. 工程设备的损害

D. 应监理人要求承包人照管工程的费用

18. 对于实行招标的建设工程，一般以施工招标文件中规定的提交投标文件的截止时间前的第(　　)天作为基准日。

A. 10　　B. 14
C. 28　　D. 30

19. 为了合理划分发承包双方的合同风险，施工合同中应当约定一个基准日，对于实行招标的建设工程，一般以(　　)前的第 28 天作为基准日。

A. 投标截止时间　　B. 招标截止日
C. 中标通知书发出　　D. 合同签订

20. 对于实行招标的建设工程，因法律、法规、政策变化引起合同价款调整的，调价基准日期一般为(　　)。

A. 施工合同签订前的第 28 天　　B. 提交投标文件的截止时间前的第 28 天
C. 施工合同签订前的第 56 天　　D. 提交投标文件截止时间前的第 56 天

21. 承发包双方约定承包人承担 5%的材料价格风险并采用造价信息调整价格差额，若某材料投标报价为 1000 元/t，基准价为 1050 元/t，工程施工期间材料信息价为 900 元/t，则该材料的实际结算价格为(　　)元/t。

A. 950　　B. 900
C. 902.5　　D. 907.5

22. 根据《标准设计施工总承包招标文件》规定，发包人最迟应在监理人收到进度付款申请单后的(　　)天内，将进度应付款支付给承包人。

A. 14　　B. 28
C. 15　　D. 25

23. 进度付款申请单不包括(　　)。

A. 根据合同中“变更”应增加和扣减的变更金额
B. 根据合同中“质量保证金”约定应扣减的质量保证金
C. 根据合同中“索赔”应增加和扣减的索赔金额
D. 竣工结算合同价

24. 下列关于工程进度款的支付说法正确的是(　　)

A. 监理人应在收到承包人进度付款申请单后 12 天内完成核查
B. 进度付款申请单中应包括变更金额和索赔金额
C. 发包人应在监理人收到进度付款申请单后的 24 天内，将进度应付款支付给承包人
D. 监理人出具进度付款证书，应视为监理人已同意批准或接受了承包人完成的该部分工作

25. 下列选项中，不属于工程竣工结算的计价原则的是(　　)。

A. 分部分项工程和措施项目中的单价项目应依据双方确认的工程量与已标价工程量清单的综合单价计算
B. 措施项目中的总价项目应依据合同约定的项目和金额计算
C. 规费和税金应按照国家或省级、行业建设主管部门的规定计算
D. 暂列金额应减去工程价款调整（不包括索赔、现场签证）金额计算，如有余额归发包人

26. 下列选项中，不属于工程竣工结算编制依据的是(　　)。

A. 工程合同
B. 竣工图
C. 投标文件
D. 建设工程设计文件及相关资料

27. 关于工程量清单计价方式下竣工结算的编制原则，下列说法正确的是(　　)。

A. 措施项目费按双方确认的工程量乘以已标价工程量清单的综合单价计算
B. 总承包服务费按已标价工程量清单的金额计算，不应调整
C. 暂列金额应减去工程价款调整的金额，余额归承包人
D. 工程实施过程中发承包双方已经确认的工程计量结果和合同价款，应直接进入结算

28. 承包人向发包人提交的竣工结算款支付申请中，包括的内容有(　　)。

A. 应扣回的工程预付款
B. 应扣回的甲供材料金额
C. 应扣回的安全文明施工费预付款
D. 应扣留的质量保证金

29. 工程竣工结算的计价原则中，下列有关其他项目计价规定描述错误的是(　　)。

A. 计日工应按发包人合同确认的事项计算
B. 暂估价应按发承包双方按照《建设工程工程量清单计价规范》的相关规定计算
C. 施工索赔费用应依据发承包双方确认的索赔事项和金额计算
D. 现场签证费用应依据发承包双方签证资料确认的金额计算

30. 根据《建设工程质量保证金管理办法》(建质〔2017〕138号)，质量保证金总预留比例不得高于工程价款结算总额的(　　)

A. 1%
B. 2%
C. 3%
D. 5%

31. 某工程合同约定以银行保函替代预留工程质量保证金，合同签约价为800万元。工程价款结算总额为780万元。依据《建设工程质量保证金管理办法》(建质〔2017〕138号)保函金额最大为(　　)万元。

A. 15.6
B. 16.0
C. 23.4
D. 24.0

32. 根据《建设工程质量管理条例》，建设工程的保修期自(　　)之日起计算。

A. 工程交付使用
B. 竣工审计通过
C. 工程价款结清
D. 竣工验收合格

33. ★【2019年陕西】某工程合同价为1440万元，预付备料款额度为25%，主要材料及构配件费用占工程造价的60%，则预付备料款起扣点为(　　)万元。

A. 400
B. 800
C. 840
D. 880

34. ★【2019年陕西】工程竣工结算的核心工作是(　　)。

A. 编制竣工结算书
B. 校核工程量
C. 绘制竣工图纸
D. 履行价款结清手续

35. ★【2019年陕西】编制竣工结算时分部分项工程采用的清单工程量是(　　)。

A. 招标清单工程数量
B. 承包人报送的工程数量
C. 经双方确认的承包人实际完成工程量

D. 根据竣工图计算的工程数量

36. ★【2020 年江西】除委托合同另有约定外，竣工结算审核应采用(　　)。

A. 重点审核法　　B. 抽样审核法

C. 类比审核法　　D. 全面审核法

37. ★【2020 年陕西】根据《建设工程施工合同（示范文本)》GF—2017—0201 预付款的支付按照专用合同条款约定执行但最迟应在开工通知载明的开工日期(　　)前支付。

A. 3 天　　B. 7 天

C. 14 天　　D. 28 天

38. ★【2020 年陕西】竣工结算办理完毕，负责将竣工结算书报送工程所在地工程造价管理机构备案的是(　　)。

A. 发包人　　B. 承包人

C. 监理人　　D. 分包人

39. ★【2020 年浙江】有关办理有质量争议工程的竣工结算，下列说法中错误的是(　　)。

A. 已经通过竣工验收的工程，其质量争议按工程保修合同执行，竣工结算按合同约定办理

B. 已竣工未验收但实际投入使用工程的质量争议按工程保修合同执行，竣工结算按合同约定办理

C. 停工、停建工程的质量争议可在执行工程质量监督机构处理决定后办理竣工结算

D. 已竣工未验收且未实际投入使用的工程，其无质量争议部分的工程，竣工结算按合同约定处理

40. ★【2021 年甘肃】工程计量的主要依据(　　)。

A. 工程量清单　　B. 合同

C. 工程变更令　　D. 以上都是

41. ★【2021 年江苏】下面(　　)由发包人负责。

A. 暂列金额　　B. 暂估价

C. 计日工　　D. 措施项目费

42. ★【2021 年重庆】除委托咨询合同另有约定外，竣工结算审核应采用(　　)。

A. 全面审核法　　B. 重点审核法

C. 抽样审核法　　D. 类比审核法

43. ★【2021 年重庆】进度款的支付比例按照合同约定，按其中结算价余款总额计，不低于 60%，不高于(　　)。

A. 70%　　B. 75%

C. 80%　　D. 90%

二、多项选择题

(每题的备选项中，有 2 个或 2 个以上符合题意，至少有 1 个错项)

1. 关于法规变化类合同价款的调整，下列说法正确的是(　　)。

A. 不实行招标的工程，一般以施工合同签订前的第 42 天为基准日

B. 招标工程以投标截止日前 28 天为基准日

C. 基准日期后，费用增加时，由发包人承担；减少时，应从合同中扣除

D. 合同当事人无法达成一致，由总监理工程师按商定进行处理

E. 承包人原因导致的工期延误期间，国家政策变化引起工程造价变化的合同价款不予调整

2.《建设工程工程量清单计价规范》GB 50500—2013 中的工程量清单综合单价，是指完成工程量清单中一个规定项目所需的(　　)，以及一定范围的风险费用。

A. 人工费、材料和工程设备费　　B. 施工机具使用费

C. 企业管理费　　D. 规费

E. 利润

3. 关于工程计量的原则，下列说法正确的是(　　)。

A. 按照合同文件中规定的工程量予以确认

B. 不符合合同文件要求的工程不予以计量

C. 单价合同项目的工程量必须按现行定额规定的工程量计算规则计量

D. 总价合同项目的工程量是予以计量的最终工程量

E. 因承包人原因造成的超出合同工程范围施工或返工的工程量，发包人不予计量

4. 因不可抗力事件导致的人员伤亡、财产损失及其费用增加，发承包双方承担工期和价款损失的原则是(　　)。

A. 因发生不可抗力间导致工期延误的，工期相应顺延

B. 停工期间，承包人应发包人要求留在施工场地的必要的管理人员及保卫人员的费用由承包人承担

C. 发包人、承包人、第三方人员伤亡分别由其所在单位负责，并承担相应费用

D. 工程所需清理、修复费用，由发包人承担

E. 承包人的施工机械设备损坏及停工损失，可以向发包人要求补偿

5. 承包人应根据办理的竣工结算文件，向发包人提交竣工结算款支付申请，主要内容包括(　　)。

A. 累计已完成的合同价款　　B. 竣工结算合同价款总额

C. 累计已实际支付的合同价款　　D. 应扣留的质量保证金

E. 实际应支付的竣工结算款金额

6. 根据《建设工程工程量清单计价规范》GB 50500—2013，关于工程竣工结算的计价原则，下列说法正确的是(　　)。

A. 计日工按发包人实际签证确认的事项计算

B. 总承包服务费依据合同约定金额计算，不得调整

C. 暂列金额应减去工程价款调整金额计算，余额归发包人

D. 规费和税金应按国家或省级、行业建设主管部门的规定计算

E. 总价措施项目应依据合同约定的项目和金额计算，不得调整

7. ★【2020 年陕西】我国现行的工程价款结算方式主要有(　　)。

A. 按月结算　　B. 分段结算

C. 竣工后一次结算　　D. 按工作量结算

E. 按分部分项工程结算

8. ★【2020 年浙江】根据《建设工程施工合同（示范文本）》GF—2017—0201，因不可抗力事件导致的损失及增加的费用中，应由承包人承担的是(　　)。

A. 承包人在停工期间应发包人要求照管、清理和修复工程的费用

B. 不可抗力引起工期延误，发包人要求赶工的，由此增加的费用

C. 发包人的人员伤亡和财产的损失

D. 承包人的人员伤亡和财产的损失

E. 承包人施工设备的损坏

9. ★【2021 年北京】一般工程结算可分为(　　)方式。

A. 定期结算　　B. 分段结算

C. 年终结算　　D. 停工结算

E. 竣工结算

10. ★【2021 年江苏】根据《建设工程工程量清单计价规范》GB 50500—2013，关于工程量的说法正确的有(　　)。

A. 采用工程量清单方式招标形成的总价合同，其工程量应按照单价合同的规定计算

B. 采用预算方式发包形成的总价合同，总价合同各项目的工程量即为最终工程量

C. 采用单价合同的，承包人应当每月向发包人提交已完工程量报告

D. 采用单价合同的，工程量必须以承包人完成合同工程应当计算的工程量确定

E. 采用单价合同的，发包人应在收到报告后 7 天内审核，自行确定计量结果

答案与解析

一、单项选择题

1. C；　2. C；　3. D；　4. A；　5. B；　6. A；　7. B；　8. C；　9. B；　10. D；
11. A；　12. A；　13. D；　14. C；　15. C；　16. C；　17. B；　18. C；　19. A；　20. B；
21. A；　22. B；　23. D；　24. B；　25. D；　26. B；　27. D；　28. D；　29. A；　30. C；
31. C；　32. D；　33. C；　34. A；　35. C；　36. D；　37. B；　38. A；　39. C；　40. D；
41. A；　42. A；　43. D。

二、多项选择题

1. BD；　2. ABCE；　3. BE；　4. AD；　5. BCDE；　6. ACD；　7. ABC；
8. DE；　9. ABCE；　10. ACD。

单选题解析

多选题解析

第4节 竣 工 决 算

一、单项选择题（每题的备选项中，只有1个最符合题意）

1. 下列选项中，(　　)是建设工程经济效益的全面反映，是项目法人核定各类新增资产价值、办理其交付使用的依据。

A. 施工图预算　　B. 设计概算

C. 竣工结算　　D. 竣工决算

2. 工程竣工结算书编制与核对的责任分工是(　　)。

A. 发包人编制，承包人核对　　B. 监理机构编制，发包人核对

C. 承包人编制，发包人核对　　D. 造价咨询人编制，承包人核对

3. 编制基本建设项目竣工财务决算报表时，下列属于资金占用的项目是(　　)。

A. 待冲基建支出　　B. 应付款

C. 待核销基建支出　　D. 未交款

4. 在基本建设项目竣工财务决算表编制过程中，属于资金来源项目的是(　　)。

A. 应收生产单位投资借款　　B. 交付使用资产

C. 待核销基建支出　　D. 待冲基建支出

5. 根据财政部《关于进一步加强中央基本建设项目竣工财务决算工作的通知》(财办建〔2008〕91号)的规定，项目建设单位应在项目竣工后(　　)内完成竣工决算的编制工作。

A. 3个月　　B. 1个月

C. 6个月　　D. 2个月

6. 下列不属于竣工财务决算报表的是(　　)。

A. 待摊投资明细表　　B. 待冲基建支出明细表

C. 待核销基建支出明细表　　D. 转出投资明细表

7. 在基本建设项目竣工财务决算表中，属于资金来源项目的是(　　)。

A. 待核销基建支出　　B. 预付及应收款

C. 固定资产　　D. 待冲基建支出

8. ★【2020年浙江】某工程项目施工合同约定竣工时间为2018年12月30日，合同实施过程中因承包人施工质量不合格导致总工期延误了2个月，2019年1月项目所在地政府出台了新政策，导致承包人计入总造价的增值税增加了20万元，以下说法正确的是(　　)。

A. 由承包人与发包人共同承担，理由是国家政策变化，非承包人责任

B. 由发包人承担，理由是国家政策变化，承包人没有义务

C. 由承包人承担，理由是承包人责任导致工期延期，进而导致增值税增加

D. 由发包人承担，承包人承担质量问题责任，发包人承担政策变化责任

9. ★【2019年陕西】根据建设项目规模的大小，竣工决算分为(　　)。

A. 大型建设项目竣工决算和中、小型建设项目竣工决算两大类

B. 大、中型建设项目竣工决算和小型建设项目竣工决算两大类

C. 重点建设项目竣工决算和一般建设项目竣工决算两大类

D. 大型建设项目竣工决算、中型建设项目竣工决算和小型建设项目竣工决算三大类

10. ★【2021 年北京】竣工决算由(　　)编制。

A. 建设单位　　B. 施工单位

C. 总承包单位　　D. 分包单位

11. ★【2021 年北京】(　　)是指定特定主体所拥有或者控制的，不具有实物形态，能持续发挥作用且能带来经济利益的资源。

A. 固定资产　　B. 流动资产

C. 无形资产　　D. 其他资产

12. ★【2021 年浙江】根据《基本建设项目竣工财务决算管理暂行办法》（财建〔2016〕503 号）的规定，基本建设项目完工可投入使用或者试运行合格后，应当在(　　)个月内编报竣工财务决算。

A. 1　　B. 2

C. 3　　D. 5

13. ★【2021 年重庆】项目一般不得预留尾工工程，确需预留尾工工程的，尾工工程投资不得超过批准的项目概（预）算总投资的(　　)。

A. 3%　　B. 5%

C. 8%　　D. 10%

14. ★【2021 年重庆】竣工决算的内容不包括(　　)。

A. 工程竣工图　　B. 可行性研究报告

C. 施工财务决算报表　　D. 工程竣工造价对比分析

二、多项选择题（每题的备选项中，有 2 个或 2 个以上符合题意，至少有 1 个错项）

1. 竣工财务决算说明书的主要内容包括(　　)。

A. 项目概况

B. 项目建设资金使用、项目结余资金等分配情况

C. 建设工程竣工图

D. 主要经济技术指标的分析、计算情况

E. 交付使用资产总表

2. ★【2020 年陕西】下列各项中属于基本建设项目竣工财务决算表中资金来源项目的是(　　)。

A. 项目资本公积　　B. 企业债券资金

C. 应收生产单位投资借款　　D. 待冲基建支出

E. 货币资金

3. 下列不属于竣工决算的编制依据的是(　　)。

A. 工程结算资料　　B. 可行性研究报告、初步设计文件

C. 相关的会计及财务管理资料　　D. 招标文件及招标投标书

E. 地方有关法律法规

4. ★【2020年浙江】承包人应在每个计量周期到期后向发包人提交已完工程进度款支付申请，支付申请包括内容有(　　)。

A. 累计已完成的合同价款
B. 本周期合计完成的合同价款
C. 本周期合计应扣减的金额
D. 本周期实际应支付的合同价款
E. 预计下期将完成的合同价款

5. ★【2020年陕西】大、中型建设项目竣工决算内容有(　　)。

A. 竣工验收总表
B. 竣工财务决算表
C. 竣工工程概况表
D. 交付使用财产明细表
E. 交付使用财产总表

答案与解析

一、单项选择题

1. D；　2. C；　3. C；　4. D；　5. A；　6. B；　7. D；　8. C；　9. B；　10. A；　11. C；　12. C；　13. B；　14. B。

二、多项选择题

1. ABD；　2. ABD；　3. BE；　4. ABCD；　5. BCDE。

选择题解析

二级造价师职业资格考试

建设工程造价管理基础知识

模拟预测卷

得分	评卷人

一、单项选择题（共60题，每题1分，每题的备选项中，只有一个最符合题意。）

1. 某合同约定了违约金，当事人一方迟延履行的根据《民法典合同编》，违约方应支付违约金并(　　)。

A. 终止合同履行　　B. 赔偿损失

C. 继续履行债务　　D. 中止合同履行

2. 某建设项目，承包人与分包人口头约定了施工合同内容，施工任务完成后，由于承包人欠工程款而发生纠纷，但双方一直没有签订书面合同，此时应当认定(　　)。

A. 施工合同成立，但不生效　　B. 施工合同成立，且已生效

C. 施工合同不成立，不生效　　D. 施工合同不成立，但有效

3. 下列情形属于投标人相互串通投标的是(　　)。

A. 招标人授意投标人撤换、修改投标文件

B. 招标人明示或者暗示投标人为特定投标人中标提供方便

C. 招标人明示或者暗示投标人压低或者抬高投标报价

D. 属于同一集团、协会、商会等组织成员的投标人按照该组织要求协同投标

4. 根据《注册造价工程师管理办法》，造价工程师初始注册的有效期为(　　)年。

A. 2　　B. 3

C. 4　　D. 5

5. 投标人或者其他利害关系人认为招标投标活动不符合法律、行政法规规定的，可以自知道或者应当知道之日起(　　)日内向有关行政监督部门投诉。

A. 5　　B. 10

C. 15　　D. 30

6. 工程设计阶段，(　　)的目的是为了阐明在指定的地点时间和投资控制数额内，拟建项目在技术上的可行性和经济上的合理性。

A. 初步设计　　B. 技术设计

C. 施工图设计　　D. 施工图设计文件的审查

7. 生产准备工作一般应包括的主要内容有(　　)等。

A. 组织准备、资金准备、物资准备　　B. 组织准备、技术准备、管理准备

C. 组织准备、技术准备、物资准备　　D. 管理准备、技术准备、资金准备

8. 根据《国务院关于投资体制改革的决定》，下列关于项目投资决策审批制度的说

明，正确的是(　　)。

A. 政府投资项目实行审批制和核准制

B. 采用资本金注入方式的政府投资项目，需要审批项目建议书、可行性研究报告和开工报告

C. 对于企业不使用政府资金投资建设的项目，一律实行备案制

D. 按规定应实行备案的项目由企业按照属地原则向地方政府投资主管部门备案

9. 下列工程项目管理组织机构形式中，具有较大的机动性和灵活性，能够实现集权与分权的最优结合，但因有双重领导，容易产生扯皮现象的是(　　)。

A. 矩阵制　　B. 直线职能制

C. 直线制　　D. 职能制

10. 在工程项目建设程序的(　　)，通过对工程项目所作出的基本技术经济规定，编制项目总概算。

A. 可行性研究阶段　　B. 施工图设计阶段

C. 技术设计阶段　　D. 初步设计阶段

11. 下列项目开工建设准备工作中，在办理工程质量监督手续之后才能进行的工作是(　　)。

A. 办理施工许可证　　B. 编制施工组织设计

C. 编制监理规划　　D. 审查施工图设计文件

12. 已知某进口工程设备 *FOB* 为 50 万美元，美元与人民币汇率为 1∶8，银行财务费率为 0.2%，外贸手续费率为 1.5%，关税税率为 10%，增值税为 17%。若该进口设备抵岸价为 586.7 万元人民币，则该进口工程设备到岸价为(　　)万元人民币。

A. 406.8　　B. 450.0

C. 456.0　　D. 586.7

13. 关于建筑安装工程费用中建筑业增值税的计算，下列说法正确的是(　　)。

A. 当事人可以自主选择一般计税法或简易计税法计税

B. 一般计税法、简易计税法中的建筑业增值税税率均为 9%

C. 采用简易计税法时，税前造价不包含增值税的进项税额

D. 采用一般计税法时，税前造价不包含增值税的进项税额

14. 下列项目中属于设备运杂费中运费和装卸费的是(　　)。

A. 国产设备由设备制造厂交货地点起至工地仓库止所发生的运费

B. 进口设备由设备制造厂交货地点起至工地仓库止所发生的运费

C. 为运输而进行的包装支出的各种费用

D. 进口设备由设备制造厂交货地点起至施工组织设计指定的设备堆放地点止所发生的运费

15. 进口设备的原价是指进口设备的(　　)。

A. 到岸价　　B. 抵岸价

C. 离岸价　　D. 运费在内价

16. 国产设备原价一般指的是设备制造厂的(　　)。

A. 离岸价　　B. 到岸价

C. 交货价　　D. 抵岸价

17. 某批进口设备离岸价格为1000万元人民币，国际运费为100万元人民币，运输保险费费率为1%。则该批设备关税完税价格应为(　　)万元人民币。

A. 1100.00　　B. 1110.00

C. 1111.00　　D. 1111.11

18. 下列(　　)不属于建设单位管理费。

A. 工作人员工资　　B. 业务招待费

C. 劳动保护费　　D. 工程监理费

19. 某施工企业购入一台施工机械，原价60000元，预计残值率3%，使用年限8年，按平均年限法计提折旧，该设备每年应计提的折旧额为(　　)元。

A. 5820　　B. 7275

C. 6000　　D. 7500

20. 施工定额研究的对象是(　　)。

A. 工序　　B. 整个建筑物

C. 扩大的分部分项工程　　D. 分部分项工程

21. 编制人工定额时，工人在工作班内消耗的工作时间属于损失时间的是(　　)。

A. 停工时间　　B. 休息时间

C. 准备与结束工作时间　　D. 不可避免中断时间

22. 编制劳动定额时，工人装车的砂石数量不足导致的汽车在降低负荷下工作所延续的时间属于(　　)。

A. 有效工作时间　　B. 低负荷下的工作时间

C. 机械停工时间　　D. 机械多余的工作时间

23. 下列关于工程计价的说法，正确的是(　　)。

A. 工程计价包含计算工程量和套定额两个环节

B. 建筑安装工程费＝基本构造单元工程量×相应单价

C. 工程组价包括工程单价的确定和总价的计算

D. 工程计价中的工程单价仅指综合单价

24. 在可行性研究阶段编制投资估算，当编制建筑工程费用估算时，适合采用100m² 断面为单位，用技术标准、结构形式、施工方法相适应的投资估算指标或类似工程造价资料进行估算的是(　　)。

A. 桥梁　　B. 铁路

C. 隧道　　D. 围墙大门

25. 在用类似工程预算法编制工程概算时，用价差公式对类似工程的成本单价进行调整，下列不属于成本单价的是(　　)。

A. 人工费　　B. 施工机具使用费

C. 企业管理费　　D. 规费

26. 采用概算定额法编制设计概算的主要工作有：①列出分部分项工程项目名称并计算工程量；②搜集基础资料；③编写概算编制说明；④计算措施项目费；⑤确定各分部分项工程费；⑥汇总单位工程概算造价。下列工作排序正确的是(　　)。

A. ②①⑤④⑥③　　B. ②③①⑤④⑥

C. ③②①④⑤⑥　　D. ②①③⑤④⑥

27. 在用类似工程预算法编制工程概算时，价差调整公式中不包括(　　)。

A. 类似工程预算的规费占预算成本的比重

B. 类似工程预算的企业管理费占预算成本的比重

C. 类似工程预算的施工机具使用费占预算成本的比重

D. 类似工程预算的材料费占预算成本的比重

28. 某地 2016 年拟建一年产 50 万吨产品的工业项目预计建设期为 3 年，该地区 2013 年已建年产 40 万吨的类似项目投资为 2 亿元。已知生产能力指数为 0.9，该地区 2013、2016 年同类工程造价指数分别为 108、112，预计拟建项目建设期内工程造价年上涨率为 5%。用生产能力指数法估算的拟建项目静态投资为(　　)亿元。

A. 2.54　　B. 2.74

C. 2.75　　D. 2.94

29. 下列不属于公开招标的优点的是(　　)。

A. 投标竞争不激烈，择优率更高

B. 在较广的范围内选择承包商

C. 在较大程度上避免招标过程中的贿标行为

D. 易于获得有竞争性的商业报价

30. 下列关于工程量清单的说法，正确的是(　　)。

A. 工程量清单是招标文件的组成部分

B. 工程量清单的表格格式不作要求

C. 工程量清单不含有措施项目

D. 在招标人同意的情况下，工程量清单可以由投标人自行编制

31. 下列关于合同价款与合同类型的说法，正确的是(　　)。

A. 招标文件与投标文件不一致的地方，以招标文件为准

B. 中标人应当自中标通知书收到之日起 30 天内与招标人订立书面合同

C. 工期特别近、技术特别复杂的项目应采用总价合同

D. 实行工程量清单计价的工程，应采用单价合同

32. 合同约定不得违背招、投标文件中关于工期、造价、质量等方面的实质性内容，招标文件与中标人投标文件不一致的地方，以(　　)为准。

A. 招标文件　　B. 投标文件

C. 双方协商后的协议　　D. 工程造价咨询机构确定的内容

33. 在招标投标过程中，载明招标文件获取方式的应是(　　)。

A. 招标公告　　B. 资格预审公告

C. 招标文件　　D. 投标文件

34. 因不可抗力造成的下列损失，应由承包人承担的是(　　)。

A. 工程所需清理、修复费用

B. 运至施工场地待安装设备的损失

C. 承包人的施工机械设备损坏及停工损失

D. 停工期间，发包人要求承包人留在工地的保卫人员费用

35. 某工程施工至月底时的情况为：已完工程量120m，实际单价8000元/m，计划工程量100m，计划单价7500元/m。则该工程在当月底的费用偏差为(　　)。

A. 超支6万元　　B. 节约6万元

C. 超支15万元　　D. 节约15万元

36. 某施工项目经理对商品混凝土的施工成本进行分析，发现其目标成本是44万元，实际成本是48万元，因此要分析产量、单价、损耗率等因素对混凝土成本的影响程度，最适宜采用的分析方法是(　　)。

A. 比较法　　B. 构成比率法

C. 因素分析法　　D. 动态比率法

37. 根据国际惯例，承包商自有设备的窝工费一般按(　　)计算。

A. 台班折旧费　　B. 台班折旧费＋设备进出现场的分摊费

C. 台班使用费　　D. 同类型设备的租金

38. 工程施工过程中发生索赔事件以后，承包人首先要做的工作是(　　)。

A. 向监理工程师提出索赔证据　　B. 提交索赔报告

C. 提出索赔意向通知　　D. 与业主就索赔事项进行谈判

39. 承包人应在知道索赔事件发生后(　　)天内，向监理人递交索赔报告意向通知书，并说明发生索赔事件的事由。

A. 30　　B. 28

C. 14　　D. 7

40. 因修改设计导致现场停工而引起施工索赔时，承包商自有施工机械的索赔费用宜按机械(　　)计算。

A. 租赁费　　B. 台班费

C. 折旧费　　D. 检修费

41. 详细可行性研究阶段投资估算的精确度的要求为：误差控制在±(　　)%以内。

A. 5　　B. 10

C. 15　　D. 20

42. 建设项目规模的合理选择关系到项目的成败，决定着项目工程造价的合理与否。影响项目规模合理化的制约因素主要包括(　　)。

A. 资金因素、技术因素和环境因素　　B. 资金因素、技术因素和市场因素

C. 市场因素、技术因素和环境因素　　D. 市场因素、环境因素和资金因素

43. 根据生产能力指数法（$x=0.6$，$f=1.2$），若将设计中的化工生产系统的生产能力提高3倍，其投资额大约增加(　　)%。

A. 176　　B. 112

C. 232　　D. 93

44. 下列关于静态投资部分估算方法的描述，正确的是(　　)。

A. 在条件允许时，可行性研究阶段可采用生产能力指数法编制估算

B. 在条件允许时，项目建议书阶段可采用指标估算法编制估算

C. 在条件允许时，可行性研究阶段可采用系数估算法编制估算

D. 在条件允许时，可行性研究阶段可采用比例估算法编制估算

45. 下列各种投资估算编制方法中，适合用于可行性研究阶段投资估算编制的是(　　)。

A. 生产能力指数法　　B. 比例估算法

C. 指标估算法　　D. 混合估算法

46. 运用生产能力指数法时，若 Q_1 与 Q_2 的比值在 2～50 之间，且拟建项目规模的扩大仅靠增大设备规模来达到时，则 n 取值约在(　　)之间。

A. 0.5～0.6　　B. 0.6～0.7

C. 0.8～0.9　　D. 0.5～2

47. 根据《建设工程工程量清单计价规范》GB 50500—2013，关于施工发承包投标报价的编制，下列做法正确的是(　　)。

A. 设计图纸与招标工程量清单项目特征描述不同的，以设计图纸特征为准

B. 暂列金额应按照招标工程量清单中列出的金额填写不得变动

C. 材料、工程设备暂估价应按暂估单价，乘以所需数量后计入其他项目费

D. 总承包服务费应按照投标人提出的协调、配合和服务项目自主报价

48. 确定投标报价中的综合单价时，需要计算清单单位含量，即(　　)。

A. 每一计量单位的清单项目所分摊的工程内容的定额工程数量

B. 每一计量单位的清单项目所分摊的工程内容的清单工程数量

C. 每一计量单位的定额项目所分摊的工程内容的定额工程数量

D. 每一计量单位的定额项目所分摊的工程内容的清单工程数量

49. 根据《建设工程工程量清单计价规范》GB 50500—2013，承发包双方应当在招标文件中或在合同中对由市场价格波动导致的价格风险的范围和幅度予以明确约定。根据工程特点和工期要求，建议可一般采用的方式是承包人承担(　　)以内的材料价格风险，(　　)以内的施工机械使用费风险。

A. 10%，5%　　B. 5%，10%

C. 2%，5%　　D. 5%，2%

50. 成本分析、成本考核、成本核算是建设工程项目施工成本管理的重要环节，仅就此三项工作而言，其正确的工作流程是(　　)。

A. 成本核算→成本分析→成本考核　　B. 成本分析→成本考核→成本核算

C. 成本考核→成本核算→成本分析　　D. 成本分析→成本核算→成本考核

51. 某工程施工至 2020 年 7 月底，已完工程计划费用（*BCWP*）为 600 万元，已完工程实际费（*ACVP*）为 800 万元，拟完工程计划费用（*BCWS*）为 700 万元，则该工程此时的偏差情况是(　　)。

A. 费用节约，进度提前　　B. 费用超支，进度拖后

C. 费用节约，进度拖后　　D. 费用超支，进度提前

52. 某土方工程，月计划工程量 2800m^3，预算单价 25 元/m^3；到月末时已完工程量 3000m^3，实际单价 26 元/m^3。对该项工作采用赢得值法进行偏差分析的说法，正确的是(　　)。

A. 已完成工作实际费用为 75000 元

B. 费用偏差为－3000元，表明项目运行超出预算费用

C. 费用绩效指标大于1，表明项目运行超出预算费用

D. 进度绩效指标小于1，表明实际进度比计划进度拖后

53. 建设项目竣工验收后，应由建设单位编制的工程造价是（　　）。

A. 项目概算　　B. 竣工结算

C. 竣工决算　　D. 后评价核实

54. 政府投资项目建议书中论述的内容是（　　）。

A. 项目建设技术的先进性　　B. 项目建设条件的可行性

C. 项目建设资金的充分性　　D. 项目建设风险的可控性

55. 建设工程项目生产条件中资源和知识的总集成者是（　　）。

A. 建设单位　　B. 设计单位

C. 监理单位　　D. 咨询单位

56. 项目融资PPP模式的物有所值定性评价中，采用的补充评价指标是（　　）。

A. 可融资性　　B. 潜在竞争程度

C. 绩效导向与鼓励创新　　D. 全寿命期成本测算准确性

57. 某进口设备到岸价为15000万元，银行财务费、外贸手续费合计360万元，关税为3000万元，消费税税率10%，增值税税率17%。关于该进口设备税、费的说法正确的是（　　）。

A. 消费税为2000万元　　B. 增值税为2250万元

C. 组成计税价格为18000万元　　D. 设备原价为24536万元

58. 按形成资产法估算建设投资时，为简化计算，预备费一并计入（　　）。

A. 固定资产　　B. 无形资产

C. 流动资产　　D. 其他资产

59. 投标活动的核心工作是（　　）。

A. 市场询价　　B. 详细估价及报价

C. 确定投标策略　　D. 复核工程量

60. 一次扣还工程预付款时，计算停止收取工程价款起点时，扣留工程款比例一般取（　　）。

A. 2%～3%　　B. 5%～10%

C. 10%～20%　　D. 20%～30%

得分	评卷人

二、多项选择题（共20题，每题2分。每题的备选项中，有2个或者2个以上符合题意，至少有一个错误选项。错选，本题不得分；少选，所选的每个选项得0.5分。）

1. 根据《价格法》，经营者有权制定的价格有（　　）。

A. 资源稀缺的少数商品价格　　B. 自然垄断经营的商品价格

C. 属于市场调节的价格　　D. 在政府指导价规定的幅度内制定价格

E. 公益性服务价格

2. 下列工程建设项目中，不属于依法必须招标的项目的是（　　）。

A. 使用大型设施的安全项目

B. 使用国家预算资金 200 万以上且该资金占投资额 10％以上的项目

C. 使用国有企事业单位资金且该资金占控股或主导地位的项目

D. 使用国际组织或外国政府贷款的项目

E. 关于社会公共利益和安全的项目

3. 根据《建设工程质量管理条例》，建设工程竣工验收应当具备的条件包括(　　)。

A. 完成建设工程设计和合同约定的各项内容

B. 有完整的施工备案资料，并在建设主管部门备案

C. 有工程使用的主要建筑材料、建筑构配件和设备的进场试验报告

D. 有勘察、设计、施工、工程监理等单位分别签署的质量合格文件

E. 有施工单位签署的工程保修书

4. 下列合同中，自始没有法律约束力的是(　　)。

A. 无效的合同　　B. 可变更的合同

C. 可撤销的合同　　D. 被撤销的合同

E. 无代理权人以他人名义订立的合同

5. 工程项目管理的核心任务是控制项目目标，包括(　　)。

A. 造价控制　　B. 合同控制

C. 质量控制　　D. 进度控制

E. 索赔控制

6. 建设工程施工联合体承包模式的特点有(　　)。

A. 业主的合同结构简单，组织协调工作量小

B. 通过联合体内部合同约束，增加了工程质量监控环节

C. 施工合同总价可以较早确定，业主可承担较少风险

D. 施工合同总价风险大，要求各承包商有较高的综合管理水平

E. 能够集中联合成员单位优势，增强抗风险能力

7. 下列施工企业支出的费用项目中，属于建筑安装企业管理费的有(　　)。

A. 技术开发费　　B. 印花税

C. 已完工程及设备保护费　　D. 材料采购及保管费

E. 财产保险费

8. 当一般纳税人采用一般计税方法时，办公费中增值税进项税额的抵扣原则为(　　)。

A. 以销售货物适用的相应税率扣减，购进图书、报纸、杂志适用的税率为 13％

B. 以购进货物适用的相应税率扣减，接受邮政和基础电信服务适用税率为 13％

C. 以购进货物适用的相应税率扣减，接受增值电信服务适用的税率为 3％

D. 以购进货物适用的相应税率扣减，购进图书、报纸、杂志适用的税率为 9％

E. 以购进货物适用的相应税率扣减，接受邮政和基础电信服务适用税率为 9％

9. 下列费用中应计入设备运杂费的有(　　)。

A. 设备保管人员的工资

B. 设备采购人员的工资

C. 设备自生产厂家运至工地仓库的运费、装卸费

D. 运输中的设备包装支出

E. 设备仓库所占用的固定资产使用费

10. 根据《建设工程工程量清单计价规范》GB 50500—2013，分部分项工程综合单价包括了相应的(　　)。

A. 管理费　　B. 利润

C. 税金　　D. 措施项目费

E. 规费

11. 下列各项中应在建设单位管理费中列支的是(　　)。

A. 基本预备费　　B. 业务招待费

C. 勘察设计费　　D. 竣工验收费

E. 总承包服务费

12. 下列各类时间中属于工序作业时间的是(　　)。

A. 基本工作时间　　B. 辅助工作时间

C. 准备与结束工作时间　　D. 不可避免的中断时间

E. 休息时间

13. 关于我国项目前期阶段投资估算的误差率要求，下列说法正确的是(　　)。

A. 项目建议书阶段，允许误差大于±30%

B. 详细可行性研究阶段，要求误差控制在±30%以内

C. 初步可行性研究阶段，要求误差控制在±20%以内

D. 初步可行性研究阶段，要求误差控制在±15%以内

E. 详细可行性研究阶段，要求误差控制在±10%以内

14. 关于流动资金的估算，下列表述正确的是(　　)。

A. 对于存货中的外购原材料和燃料，要分品种和来源，运输方式和运输距离，以及占用流动资金的比重大小等因素考虑其最低周转天数

B. 流动资金属于短期性流动资产，流动资金的筹措可以通过短期负债和资本金的方式解决

C. 用扩大指标估算法计算流动资金，应能够在经营成本估算之后进行

D. 在不同生产负荷下的流动资金，可以直接按照100%生产负荷下的流动资金乘以生产负荷百分比求得

E. 扩大指标估算法简便易行，但准确度不高，适用于项目建议书阶段的估算

15. 单位工程概算按其工作性质可分为单位建设工程概算和单位设备及安装工程概算两类，下列属于单位设备及安装工程概算的是(　　)。

A. 热力设备及安装工程概算　　B. 通风、空调工程概算

C. 工器具及生产家具购置费概算　　D. 电气、照明工程概算

E. 弱电工程概算

16. 关于施工标段划分的说法，正确的是(　　)。

A. 标段划分多，业主协调工作量小

B. 承包单位管理能力强，标段划分宜多

C. 业主管理能力有限，标段划分宜少
D. 标段划分少，会减少投标者数量
E. 标段划分多，有利于施工现场布置

17. 根据我国现行施工招标投标管理规定，投标有效期的确定一般应考虑的因素有(　　)。

A. 投标报价需要的时间　　B. 组织评标需要的时间
C. 确定中标人需要的时间　　D. 签订合同需要的时间
E. 提交履约保证金需要的时间

18. 进行措施项目投标报价时，措施项目的内容通常依据(　　)确定。

A. 招标人提供的措施项目清单
B. 常规施工方案
C. 设计文件
D. 与建设项目相关的标准、规范、技术资料
E. 投标人投标时拟定的施工组织设计或施工方案

19. 竣工财务决算说明书的主要内容包括(　　)。

A. 项目概况
B. 项目建设资金使用、项目结余资金等分配情况
C. 建设工程竣工图
D. 主要经济技术指标的分析、计算情况
E. 交付使用资产总表

20. 因不可抗力事件导致的人员伤亡、财产损失及其费用增加，发承包双方承担工期和价款损失的原则是(　　)。

A. 因发生不可抗力导致工期延误的，工期相应顺延
B. 停工期间，承包人应发包人要求留在施工场地的必要的管理人员及保卫人员的费用由承包人承担
C. 发包人、承包人、第三方人员伤亡分别由其所在单位负责，并承担相应费用
D. 工程所需清理、修复费用，由发包人承担
E. 承包人的施工机械设备损坏及停工损失，可以向发包人要求补偿

答案